NO.54

Hand 巧手易
Made

拼布袋物语 *1*

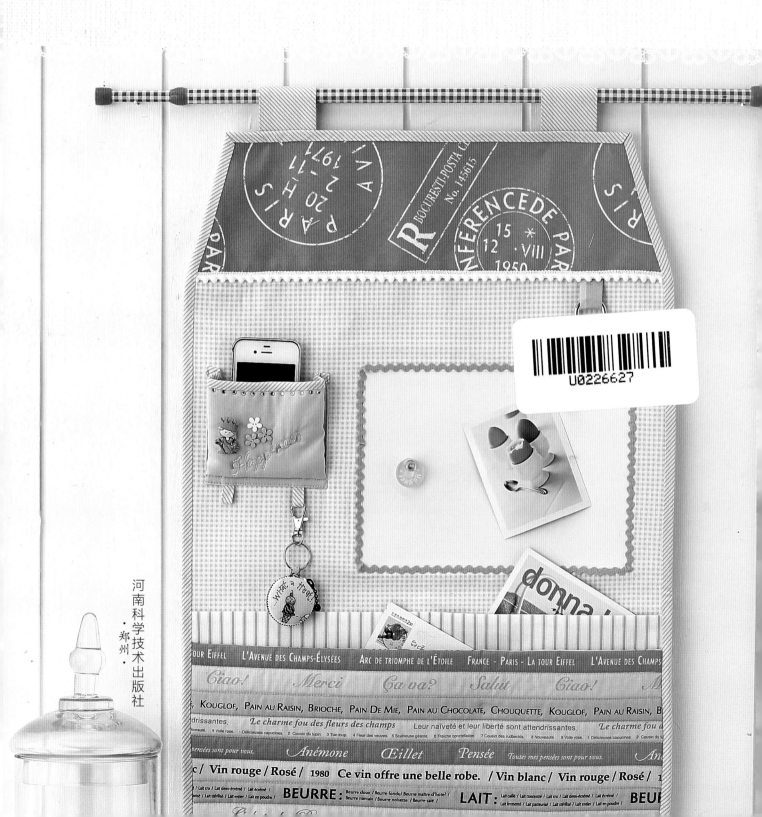

河南科学技术出版社
·郑州·

U0226627

Hand Made 巧手易

NO.54 CONTENTS

拼 布 袋 物 语
全国第一本专业拼布书系 www.handmade-tw.com

封面作品作者／徐旻秀老师
封面摄影／Akira
封面设计／陈启予

拼布新鲜事

6　洋绣球的记忆　苏怡绫老师

拼布袋物语

10　在旅途多夹层小包　游如意老师
13　森林之章椅背收纳袋　陈慧如老师
14　甜美之诗化妆包　陈慧如老师
19　粉红布屋生活收纳袋　林淑茹老师
20　希望小屋发票收纳盒　林欣汝老师
25　甜蜜生活拼布双层盘　施佩欣老师
29　玫瑰庄园置物篮　Elena老师
30　盛开舞曲信插　Elena老师
35　花漾袋中袋　郭珍燕老师

我爱贴布缝

40　雪精灵手提包　Shinnie老师
42　彩色铅笔袋　Ann老师
44　Nana 华丽初登场　潘妤莹老师

  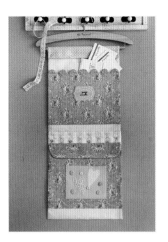

董事长暨发行人 吕世文

财务总监 谢丽闵

董事长特助／代编辑长 苏怡绫

财务经理 Anita Yang

社务顾问 余万停

编辑部

编辑 刘芝颖

特约编辑 詹宏人

46 花梦田 许爱敏老师

48 花园巡礼 拼布花园

布的交响曲

50 花园之心手提袋 庞慧如老师

54 小春日和手机套 黛西老师

56 花舞蝴蝶结提袋 映衣老师

58 黑猫Kiki背影挂钟 金昌廷老师

衣窥曲线的秘密

63 复古红毛呢大衣 魏廷伃、简雪丽老师

67 海岸风开襟衬衫 李青绮老师

拼布的艺术飨宴

72 壁饰赏析 陈节老师

74 蓝 李青绮老师

75 灼眼 徐铧祯老师

76 灿烂千阳 徐旻秀老师

80 甜点知心束口袋 陈玉金老师

82 小毕历险记精装书套 雪小板老师

85 巧手严选生活情报

87 新手特别推荐 一口花零钱包

原尺寸图

Hand Made NO.54 Quilter List

特别感谢本期
协助制作

隆德贸易有限公司
苏怡绫老师 ▷P.6

・日本手艺普及协会手缝指导员
・BERNINA NSP讲师

布谷鸟创意拼布
游如意Sophia You老师 ▷P.9

TEL：0955-428566
www.quiltersophia.com

拼布资历12年，擅长
拼布配色及设计教学，
喜欢尝试不同风格，面
对喜欢的作品会有改做
的意念。
在《巧手易》等手作书
刊不定期发表文章，著
有《拼布配色事典》一
书，目前于台湾及大陆
之间往返教学。

八色屋拼布彩绘
陈慧如老师 ▷P.13

TEL：(02)2291-6767
http://www.e-colors.idv.tw

1997年成立八色屋
拼布木器彩绘教室，
将对手作的兴趣化为
行动。喜爱拼布手作
和涂鸦，为圆绘画
梦，1998年又一头
栽进了彩绘世界，个
人第一本拼布创作书
《布可能！拼布、彩
绘、刺绣在一起！》
正在热卖中。

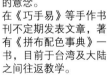

玩布小铺
淑茹&欣汝老师 ▷P.19、20

TEL：(02)2957-9298
http://wenbu.pixnet/blog

快乐、温馨、自在是我们的坚持，让生
活越来越甜是我们的梦想；但愿在玩
布小铺的手作天地里，您能拥有更多幸
福、乐趣及成就感。

布之恋拼布
施佩欣老师 ▷P.25

TEL：(02)2249-5468
http://tw.myblog.yahoo.com/peihsinshih/

因为喜爱拼布，所以
我的生活多姿多彩，
也希望让更多人感受
学习拼布手作的快
乐，一起和布好好谈
场恋爱吧！

自由作家
Elena老师 ▷P.29

简单婉约的设计，是
Elena老师的创作风
格。熟稔Bernina的
运用，从中激发出更
强的学习欲！

娃娃屋拼布手作坊
郭珍燕老师 ▷P.35

TEL：(03)4588-994
http://www.wawawu.com.tw

娃娃屋拼布手作坊负
责人、日本手艺普及
协会指导员、日本小
仓手艺缎带刺绣指导
员、日本余暇文化振
兴会英国刺绣讲师。

Shinnie's House
Shinnie老师 ▷P.40

TEL：(02)3343-3626
http://tw.myblog.yahoo.com/quilt-shinnie/

温馨可爱，是Shinnie
一贯的手作风格；简单
的幸福手作感，是老师
一直追求的目标。著有
《Shinnie的手作兔乐
园》《Shinnie的布童
话》，第三本书目前正
在筹备中。

自由作家
Ann老师 ▷P.42

patchworkerann@gmail.com

《巧手易》专栏作家，喜
欢制作、设计专给幼儿使
用的可爱拼布小物，作品
正在连载中。

潘妮拼布
潘好莹老师 ▷P.44

TEL：(04)2333-5690
http://tw.myblog.yahoo.com/penny227320/

从事拼布近七年，喜
欢贴布缝将布片拼凑
在一起的美好，创作
出这样一个爱幻想的
女孩——多妮，用拼
布实现了脑海中幻
想的情境。新书《打
开多妮的贴布缝日
记》，正在热卖中！
新人物娜娜也将在本
书中首度登场喔！

隆德贸易有限公司
许爱敏老师 ▷P.46

http://www.patchworklife.com.tw/

资深拼布老师，现为
布能布玩拼布生活工
坊高雄店门市店长。
把拼布当成生活的一
部分，与针线、缝纫
机相处的分分秒秒，
是最幸福的时刻。

拼布花园
庞慧如老师
☞ P.50
TEL：(02)2393-8606

拼布资历近14年，对色彩搭配尤其拿手，不论手缝或机缝，都能展现拼布之美。作品常刊登于各种拼布杂志，包括日本专业拼布杂志。著有《拼布花园》一书。

一布一脚印的拼拼凑凑
黛西老师
☞ P.54
http://tw.myblog.yahoo.com/quilter-daisy/

自2007年接触手作布偶后，完全爱上布艺，也让自己成为职业拼布人，不断尝试与学习，从中获得精神上的满足与踏实，愿用"一布一布"的拼凑，努力完成梦想！

布伊坊
映衣老师
☞ P.56
TEL：0988-630256
http://tw.myblog.yahoo.com/sewinghouse-youi

日本文化女子大学服装社会学研究所毕业，研究拼布与社会关系，具备日本手艺普及协会指导员资格，现在师从拼布作家小关铃子。相信用拼布也可以拼出自己的人生色彩。

真爱拼布&布盒男人
金昌廷(大班)老师
☞ P.58
TEL：(02)2809-7296
http://tw.myblog.yahoo.com/ctt004-quiltvsman

曾任职于黄金造型设计。做手作是件令人愉快的事情，将手作生活化也是大班一直努力的方向。不断从创作里去学习不怕失败是大班的座右铭。

小野布房
魏廷仔老师&简雪丽老师
☞ P.63
TEL：(02)2772-2007
http://tw.myblog.yahoo.com/onoya_3514/

有个像家一样的工作室，通过创作分享对生活的真实感受，对幸福和美好的追求。这里有音乐、咖啡来招待我们的朋友，亲手种植的花草展现着蓬勃旺盛的生命力。用心去创作，并用双手去记录真实生活中的点点滴滴。

隆德贸易有限公司
李青绮老师
☞ P.67

·BERNINA NSP讲师

熊手作
陈节老师
☞ P.71
amy95251620@yahoo.com.tw

1990年成立熊手作拼布教室，日本Patchwork通信社第一届毕业生，1993年曾获日本清里拼布周93'拼布部门奖，1994年作品《兔子的梦》于第二次日本Patchwork交流会获第一名，1998年作品《青春舞曲》入选台湾省工研究所第六届征件，2000年获邀于诚品书店《私房拼缀》师生创作联展，2010年迄今为隆德贸易有限公司美术顾问。

徐旻秀老师
☞ P.71
TEL：0911-120808
juliaminghsiu@yahoo.com.tw

♥ 本期封面作品 ♥

资深拼布名师，作品《曙光》于2009年获美国AQS拼布人学会奖项第3名殊荣。持续20年不变的兴趣，见证了拼布的魅力，希望自己的坚持及大家的支持让自己更精进！

幸运草机缝拼布
陈玉金老师
☞ P.80
TEL：0937-811690

幸运草机缝拼布教室负责人，擅长使用各式素材、工具搭配拼布作品，作品于《巧手易》专栏连载中。

雪小板的手作教室
雪小板老师
☞ P.82
部落格：http://tw.myblog.yahoo.com/snowy-handmade/
粉丝团：http://www.facebook.com/snowyhandmade

创意拼布作家，喜爱天马行空地幻想，善于利用图案及配色营造温馨欢乐的幸福感。目前拥有自己的手作教室，并开发多元的手作课程，与大家分享创意生活的乐趣！！

洋绣球的记忆

弥漫着苹果绿的空气，笑起来如花开般甜蜜，

一朵朵摘下来，都是快乐回忆的证据。

一朵给你，一朵让我收去，

让片刻成为永恒的印记。

化妆包

1.

表布 A

里布 a

表布 B

里布 b

2.

铺棉　里布

表布

3.

滚边

表布

4.

里布

卷针缝

4cm

截角

5.

完成图

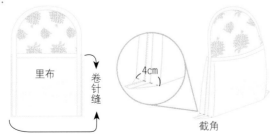

扣子

化妆包材料

表布 A 13cm×15cm(含缝份)
表布 B 24cm×15cm(含缝份)
里布 a 9cm×15cm(含缝份)
里布 b 28cm×15cm(含缝份)
滚边布 4.5cm×120cm
铺棉（单面接着棉）37cm×15cm
扣子 1 颗

做法

1. 表布依纸型裁下并缝合，里布相同
   方法完成。
2. 步骤 1 表布与里布中间加上单面接
   着棉（表布与里布背面相对）。
3. 步骤 2 滚边一圈。
4. 如图将布向上折，两侧卷针缝并车
   缝截角 4cm。
5. 翻至正面再加上扣子即完成。

作品设计、制作提供／苏怡绫
摄影／郭朴真、曾奕睿
美术设计、做法绘图／韩欣恬
文字编辑／苏怡绫、刘芝颖
手提包完成尺寸：宽 25cm，高 25.5cm，厚 9cm
化妆包完成尺寸：宽 15cm，高 11cm，厚 4.3cm
附原尺寸图

手提包材料

表布 26cm×30cm（含缝份）2 片
里布 26cm×30cm 2 片
铺棉 24cm×28cm 2 片
拉链口布 29cm×6cm（含缝份）表、里各 2 片
拉链口布铺棉 27cm×4cm 2 片
侧身布 11cm×50cm（已含缝份）表、里各 2 片
侧身铺棉 9cm×48cm 2 片
两侧耳朵布 7.5cm×6cm 2 片
织带 60cm
蕾丝 60cm
25cm 拉链 1 条

做法

1. 用纸型裁好表布 2 片，再裁 1 片布标，与贴布纸车缝 1 圈，从贴布纸中心剪开，将布标翻至正面烫好。
2. 将布标放至表布上并用珠针固定，表布背面需放置 1 片安定纸，车缝后再将安定纸撕下。
3. 在两片表布背面烫上单面接着棉（不含缝份），再用喷胶将里布贴在棉的另一面（里布背面对棉）。
4. 裁好拉链口布表里各 2 片，在口布表布背面烫上单面接着棉（不含缝份），表布和里布夹车拉链后，在表布上压上一道装饰线。
5. 裁拉链耳朵布 2 片，车缝后固定在拉链两侧。
6. 裁侧身表、里布，表布背面烫上单面接着棉（不含缝份），再贴上里布（背面对铺棉）四周稍做疏缝后再与拉链口布接合，接合处压上一道装饰线。
7. 将蕾丝固定在织带提手后再固定于表布上。
8. 步骤 3 的袋身布与步骤 6 接合，接合处滚边即完成。

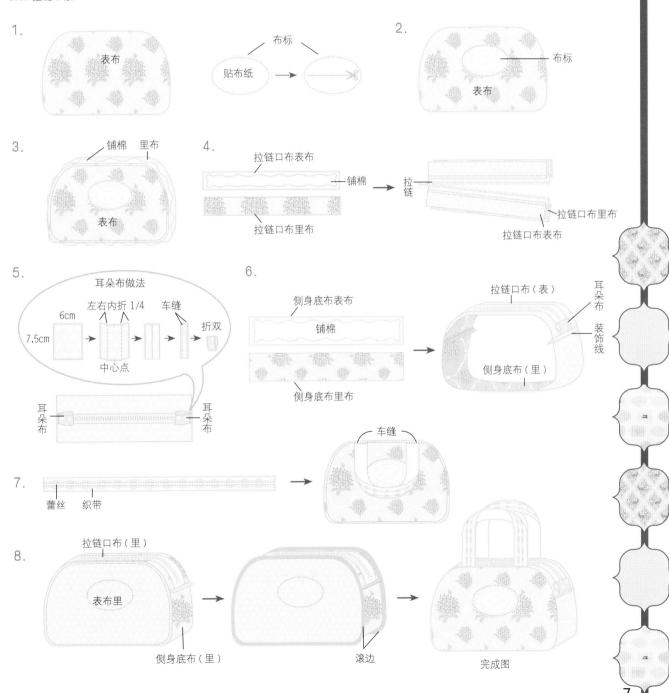

令人怦然心动的整理术，
提供美丽收纳新概念！

拼布袋物语

布置的美好莫过于

让家中充满自己手作带来的温馨。

以拼布的艺术创作，

贴合需求量身打造，

让日常生活处处都是爱的小角落！

本书严选拼布收纳小物，

施展魔法般的生活整理术，

通过一针一线的巧思，

让全家的生活和心情更美好！

有一点小鹿乱撞的期待，
在旅行的路上随着目的地的接近而愈加紧张，
心情如热气球受热膨胀般，
一路飞向旅程的天际，
终将在云端的视野，看见最美的风景。

作品设计、制作／游如意老师　情境摄影／林宗亿　教学摄影／晴天　文字编辑／刘芝颖　美术设计／陈启予

banausic

On the Road
在旅途

多夹层小包

旅行时总是大包小包的理不出个头绪吗？
重要的小物件、繁乱的随身物品，
就让多夹层的设计替你整理，
做一个整齐大方的清秀佳人吧。

完成尺寸：宽13cm，长22cm　附原尺寸图

作品赏析

热带假期

iPAD袋

后背图

完成尺寸：宽22.5cm，长25.5cm

10

材料
各色布料、铺棉、口袋里布、纸衬、奇异衬、
水溶性双面胶
拉链25cm 1条、18cm 2条
上拉链口袋里布：12.5cm×24cm 1片
下拉链口袋里布：21cm×24cm 1片
侧边布：23cm×5.5cm 2片
内里布：13cm×23.5cm 2片
滚边条：4cm宽布条

做法 图中示范使用红色车缝线，实际请依布料颜色调整。

1 两块布车缝接合。

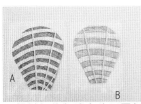

2 选定热气球用布的花纹后，
依纸型在布背面描绘，预留
0.7cm缝份剪下。

point：看准线条的方向再剪下，效
果较佳。

3 在奇异衬上描下方向相反的
字。

4 纸衬与热气球布片正面相
对，布背面朝上（因其有车
线位置，便于车缝）。
★大的热气球为A；小的热
气球为B。

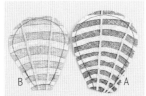

5 依车缝位置车缝，热气球A
下底不缝，热气球B车缝全
部。

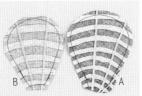

6 缝份剪牙口，在气球B纸衬
上剪一个小洞。气球A由下
方返口翻回正面，气球B由
背面剪出返口翻回正面。

7 表布压缝铺棉，并在表布接
缝处压线。

8 热气球底身依纸型外加缝份
剪下，将缝份向内折以利贴
布缝。

9 剪下图案布，左、下布边（与
表布接合的边）需多留缝
份。将左、下布边向内折，
以熨斗或骨笔压折痕，放在
底布上，将左上图案布以花
盘车缝。

10 将热气球置于适当位置上以
花盘车缝，并以自由曲线或
手绣表现图案轮廓。

11 将写好字的奇异衬多预留些
外围剪下，胶面朝下放在黑
布的背面干烫，再依照字形
剪下，撕去背纸贴合在表布
上，再度干烫使其黏合然后
自由曲线沿字边车缝。

point：熨烫的温度要够，不可用蒸
汽烫。

12 后背布加铺棉压上自由曲线。

〔上面拉链孔〕

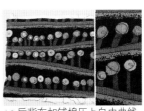

13 将纸型放在表布上，画上要
剪开口的部分。

14 取与底布相同的布描纸型的
拉链孔，四周皆留2cm后剪
下，对准表布位置后车缝，
并剪Y形开口。

point：Y形开口即拉链端头张开的
距离，约1cm。

15 修去开口缝份内铺棉，利用
开口将布片内翻过来，疏
缝固定开口四周。

〔下面拉链孔与口袋〕

16 取内袋布，单边贴上水溶性双
面胶，将拉链贴上后车缝。

point：内袋布选用双面布，厚度较
挺，且两面皆可外用，示范的花面
为正面；点点为背面，需要注意拉
链贴上的方向。

17 将拉链翻至背面。

18 拉链单边正面贴上水溶性双
面胶带，沿着拉链边缘黏合
于表布下，将单边车缝。

19 将内袋布依图示在约8cm处
折叠。

20 贴上双面胶。与上面拉链黏合后在拉链另一侧贴上双面胶使其与表布黏合。

〔后背布〕

point：裁布时一般比实际多出4～5cm，压线后再对准纸型去车边，选自己较喜欢的区块；拼接的话就是纸型再加2cm。

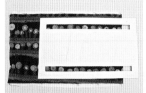

26 选定区块后车缝四边。

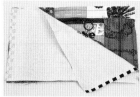

32 表布与内里正面相对车缝两侧。

〔滚边〕

38 先以强力夹固定滚边条，再车缝。

21 车缝上面拉链单边（内侧），再以U字形车缝下面拉链。

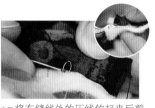

27 将车缝线外的压线钩起来后剪掉多余的铺棉，注意线不要剪断，以免脱线。表布及后背布的左、右、下方皆剪去铺棉，上方留到最后滚边用。

33 翻回正面。

39 表布与里布疏缝。

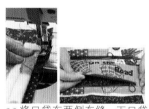

22 将口袋布两侧车缝，下口袋完成。

〔侧边布与内里布〕

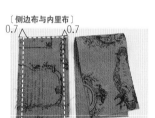

28 对折车缝上缘以及左右0.7cm处。

34 在表布两侧边0.3～0.5cm处疏缝（红线处），针距3mm，可换粗针（14或16号）。

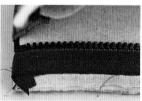

40 在距表布、里布缝线0.7cm的位置贴上水溶性双面胶，再粘上拉链，拉链尾往内折。

〔上面拉链口袋〕

23 上面拉链贴上双面胶，贴上另一块口袋布。

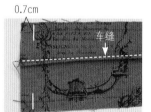

29 再对折车缝一次，并于0.7cm处做上记号。

35 后背布与表布正面相对，将后背布与侧边布车缝。

41 将布边包上：滚边条正面朝内对准表布0.7cm缝份的位置，长度比拉链前端再多留3cm。
point1：对完位置后可将上边多余的布与铺棉剪去。
point2：滚边条四折，可以手缝或是机缝固定。

24 以Π形车缝上面拉链。

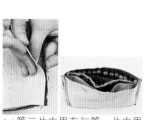

36 第二片内里布与第一片内里布正面相对，与侧边布车缝。

31 将侧边布置于表布两侧，以疏缝固定，侧边布单边与表布车缝。

37 翻出后两边车缝。

42 下面滚边同步骤41，包包即完成。

25 将两层口袋布车缝，上口袋完成。

30 表布下边约0.1cm处沿边剪下。

森林之章
椅背收纳袋

迎着风旋转飘零的落叶，
落在花儿身边化作滋养的美味，
随着时间渗入泥土里面，
这才有了整片枝繁叶茂的森林，
这就是大自然生生不息的循环。

nature

完成尺寸：宽41cm，高36cm

作品设计、制作、教学摄影／陈慧如老师　情境摄影／林宗亿　文字编辑／刘芝颖　美术设计／陈启予

甜美之诗
化妆包

丝线与纱线交织的图纹，
用甜美的蕾丝编成一首美丽的诗句，
写下了花样的柔美娇羞，
传达出女性的细腻与敏感。

完成尺寸：宽19.5cm，长32cm

森林之章
椅背收纳袋

材料
4种花布各40cm、棉麻布90cm、滚边条200cm、铺棉45cm、系带
4cm×40cm3条

做法

1 裁宽6.5cm的花布条，共5条（其中一种花布裁2条）。

4 布条如图拼接。

2 缝合5条布条。

5 整烫完，裁切成19cm×37cm备用。

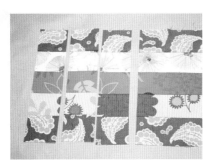

3 步骤2的表布整烫完成后，再裁切6条6.5cm宽的布条。

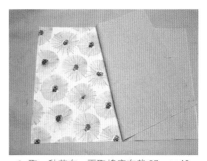

6 取一种花布，再取棉麻布裁37cm×40cm各1片。

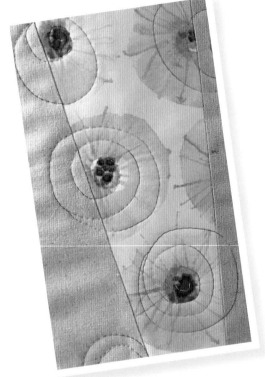

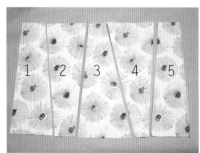

7 将两块布重叠，随性裁切3~4次。将上方1、3、5花布及下方2、4棉麻布挑出来。

11 袋口滚边，接着和棉麻布（裁成40.5cm×36.5cm），一起滚边。

8 其余排好缝合成一片。

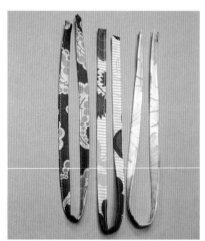

12 系带4cm×40cm共三条缝合完成。

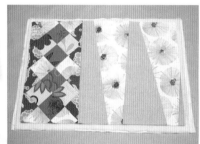

9 布片缝合完成，和步骤5的表布缝合并压缝铺棉。

13 系带固定，即完成。

10 压线完成，尺寸40.5cm×36.6cm。

甜美之诗

化妆包

材料

底布、花布、点点布 35cm×35cm 各 1 片，蕾丝 4 种各 1.8cm、铺棉 10cm、磁扣 1 组

4 完成蕾丝的编织。

1 将花布与底布裁切成腰长 35cm 的等腰三角形，取蕾丝 4 种各 1.8cm。

5 用大针脚将底布周围与蕾丝车缝固定一圈。

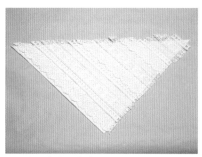

2 将 4 种蕾丝裁剪（可比布大一些）成条，按同一方向随性地排列在底布上。

6 蕾丝之间的接合处与底布车缝固定。

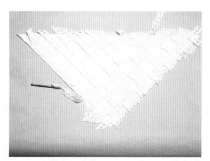

3 用穿带夹固定蕾丝，以一上一下的方式编织。

7 修剪周围多余的缝份。

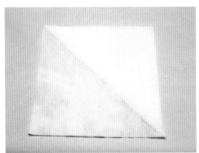

8 将花布与编织布缝合，作为表布，并缝合铺棉。

9 花布的周图加上蕾丝装饰。

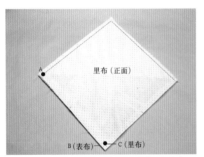

10 表布与里布（点点布）正面相对缝合。

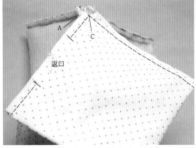

12 依图示将 A 和 C（在里布上）固定，留返口，缝合两侧（红线处）。

14 将磁扣、蕾丝片和包包缝合固定。

11 依图示将 A 和 B（在表布上）固定于中心处，缝合两侧（红线处）。

13 翻回正面，缝合返口。

15 蕾丝编织包完成。

粉红布屋
生活收纳袋

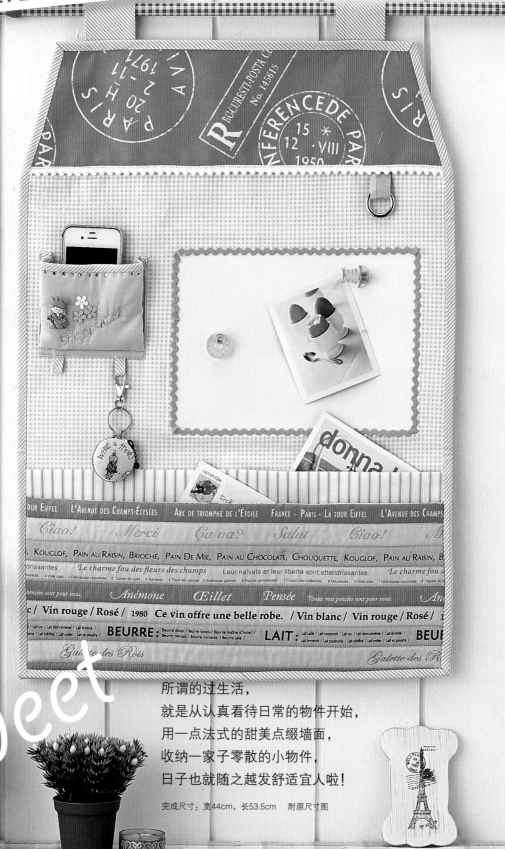

sweet

所谓的过生活，
就是从认真看待日常的物件开始，
用一点法式的甜美点缀墙面，
收纳一家子零散的小物件，
日子也就随之越发舒适宜人啦！

完成尺寸：宽44cm，长53.5cm　附原尺寸图

作品设计、制作／林淑茹老师　情境摄影／詹建华　教学摄影／晴天　文字编辑／刘芝颖　美术设计／陈启予

希望小屋
发票收纳盒

收集每一张购物票据，
期待刮奖时刻的惊喜，
也许这次中奖的就是你哦！

作品设计、制作／林欣汝老师　情境摄影／詹建华　教学摄影／晴天　文字编辑／刘芝颖　美术设计／陈启予

完成尺寸：高28 cm，宽18 cm，厚10.5cm
附原尺寸图

粉红布屋
生活收纳袋

材料

配色布 4 块、滚边条 4cm×220cm、铺棉 10.5cm×9.5cm、厚布衬适量、水兵带 5cm、球球缎带、装饰扣、钻、白板（带软性磁铁）、D 形环、白胶、转写用消失笔、消失笔专用转写纸

做法

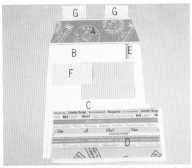

1 依纸型裁下各区块配色布，A、B 布烫厚布衬，D 布加铺棉压线。

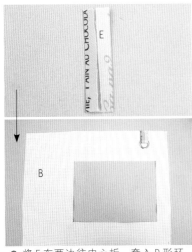

2 将 E 布两边往中心折，套入 D 形环，疏缝于 B 布上。

3 A、B 布正面相对车缝，缝份朝上熨烫。

4 以水溶性胶带固定球球缎带于 A、B 布交接处，再车缝。

5 F 布对折，两边车缝后翻回正面。

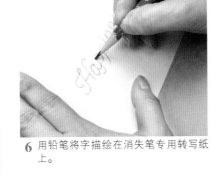

6 用铅笔将字描绘在消失笔专用转写纸上。

7 用转写用消失笔将字描绘在 F 布上。

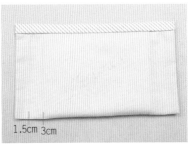

8 F 布左右边皆做上 3cm 及 1.5cm 记号，在两边标志 3cm 的位置中放入铺棉，压上滚边条。

9 以轮廓绣绣上字体，烫钻并缝上装饰扣。
  Point：在钻上加棉布，以热熨斗烫约 30s（秒），注意不要移动熨斗喔！

10 内折 1.5cm 及 3cm 记号处，车缝 F 布于 B 布上。

11 车缝 F 布下底，夹车挂环。

12 裁出白板尺寸（要留缝份），将 B 布置于白板上车缝。

Point：车缝白板时在下面放一张薄纸，避免白板下的磁铁吸住针板不易车缝。

13 用白胶在白板四周贴上水兵带。

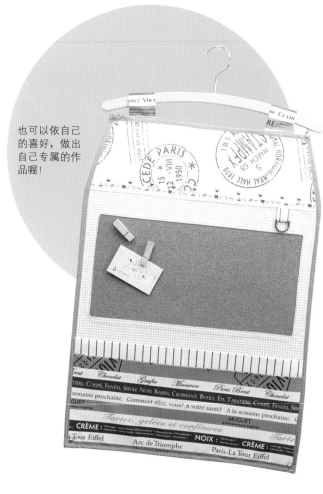

也可以依自己的喜好，做出自己专属的作品喔！

14 将 C、D 布车缝于 B 布上。

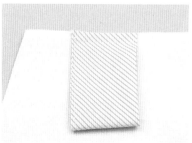

16 G 布再对折车缝于 A 布背面，即为挂环。另一侧挂环同法制作。

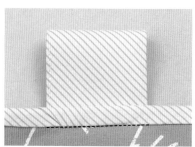

18 最后以手缝固定挂环。

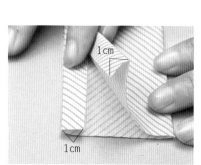

15 G 布两边往内折 1cm 后再对折边缘缝合。

17 将整体周围滚边。

19 完成。

希望小屋
发票收纳盒

材料

表布、里布、厚布衬、小碎布数片、
2mm 厚纸板、缎带、水兵带、绣线、
磁扣、白胶、刷子、毛巾、转写笔、
转写纸、烫热贴、强力黏着剂、
纸胶带、美工刀、刮刀

做法

1 依纸型裁厚纸板。

表布

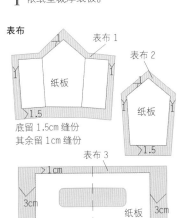

底留 1.5cm 缝份
其余留 1cm 缝份

表布 3

1cm
3cm　　纸板　　3cm
1cm

表布 4

1cm
纸板　　纸板　　1cm
0.4cm　　　0.4cm

里布、厚布衬

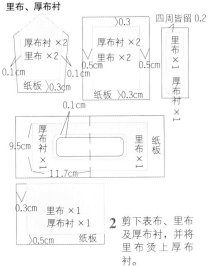

四周皆留 0.2

厚布衬 ×2
里布 ×2
0.1cm　纸板　0.1cm
0.3cm

0.3
厚布衬 ×2
里布 ×2
0.5cm　纸板　0.5cm
0.3cm

里布 ×1
厚布衬 ×1

0.1cm

9.5cm　厚布衬 ×1　里布 ×1　纸板
11.7cm

0.3cm
里布 ×1
厚布衬 ×1
0.5cm　纸板

2 剪下表布、里布
及厚布衬，并将
里布烫上厚布
衬。

3 用纸胶带接合纸板。

（正）

（背）

1

1

4 屋顶处依图示用美工刀在中心线轻
划一刀，背面边缘 1cm 处画上记号。

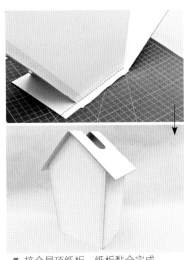

5 接合屋顶纸板，纸板黏合完成。

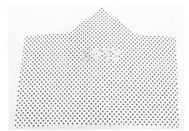

6 在表布 1 上以贴布缝与轮廓绣完成
2013 图案。

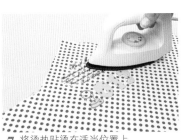

7 将烫热贴烫在适当位置上。

8 用小碎布拼接门的部分，完成后整
烫，再以贴布缝与轮廓完成苹果。

9 步骤 8 布片用白胶贴在表布 1 上。

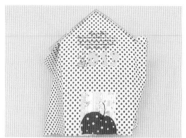

10 用白胶将表布 1 贴在步骤 5 的纸板对应位置上。

11 剪牙口以利贴合。

12 表布 2 的两边内折再贴合。

13 转角多余的布剪掉,其余的布往内贴。

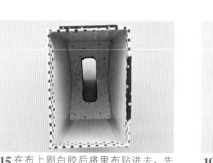

14 贴表布 3 作为屋顶,开口处有弧度的地方剪牙口。

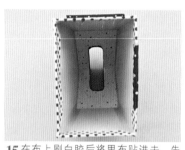

15 在布上刷白胶后将里布贴进去,先贴屋顶再贴屋身前后,最后贴两旁。

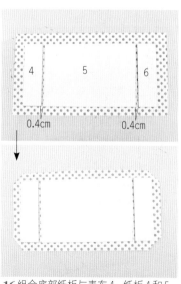

4   5   6

0.4cm   0.4cm

16 组合底部纸板与表布 4,纸板 4 和 5、5 和 6 间皆需留 0.4cm。再将四周的角剪掉。

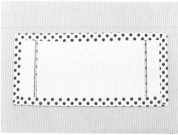

17 将四边往内折并黏合。

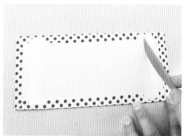

18 空隙部分涂上白胶,以刮刀压深折痕,贴上里布。

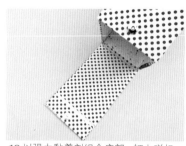

19 以强力黏着剂组合底部,钉上磁扣。

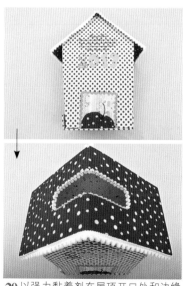

20 以强力黏着剂在屋顶开口处和边缘贴上缎带及水兵带即完成。

甜蜜生活

拼布双层盘

一层一层堆叠，
女孩们收藏不完的爱恋，
好像是英式下午茶的拼盘，
让我一口一口吃下珍藏的滋味。

storage

完成尺寸：六边形（大）盘对角长20cm，高15cm
附原尺寸图

作品设计、制作／施佩欣老师　情境摄影／林宗亿　教学摄影／晴天　文字编辑／刘芝颖　美术设计／陈启子

星星相连
置物盘

一闪又一闪，
为我绕成一片星光熠熠的花海。

完成尺寸：六边形盘对角长18cm，高7cm

材料

6块配色布各10cm、背布30cm、铺棉30cm、宽1.8cm蕾丝长150cm、木杆约10cm、包扣1.5cm 1颗、厚PE板、螺丝2个、安定纸

||||||||||||||||||||||||||||||||||

▲示范用描图纸，实际操作用安定纸，较好撕掉。

做法

1 将纸型描绘在安定纸上，大小各一。小的只需描绘到"7"，再外加0.7cm缝份。

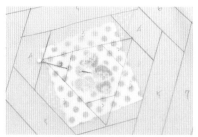

2 中心1的六边形裁布片5cm×5cm，其余5色布裁3.5cm宽布条数条。

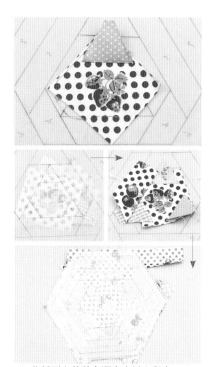

3 依纸型上的数字顺序在纸上翻车。

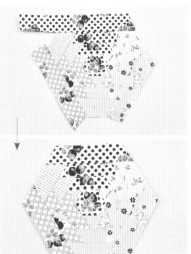

4 留0.7cm的缝份，其余裁掉。

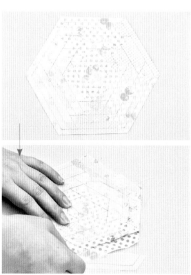

5 再将安定纸撕去。

6 裁下等大的铺棉，表布铺棉压线。

7 裁一块等大的背布，与表布正面相对车缝四边。

8 裁下6块配色布、背布及铺棉（外加0.7cm缝份），表布、背布、铺棉以珠针固定。

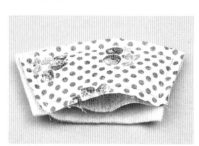

9 车缝∏形。

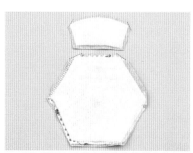

10 将步骤7与9的布块多余的铺棉剪去，如图示剪去部分尖角。

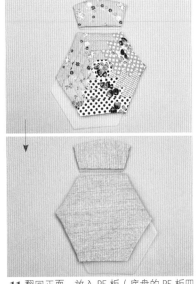

11 翻回正面，放入 PE 板（底盘的 PE 板四周比纸型少 0.3cm）。

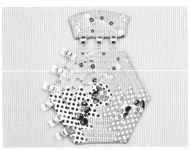

12 表布及背布返口处的缝份内折，用强力夹固定。

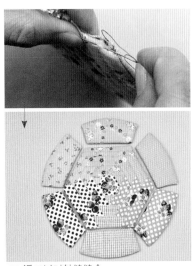

13 返口以对针缝缝合。

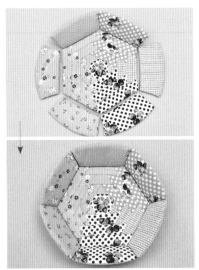

14 以对针缝接合盘底及压线。

15 同步骤完成大小两个盘。

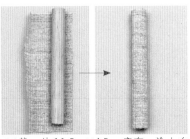

16 裁一片 11.5cm×4.5cm 底布，涂上白胶后包在木杆上。

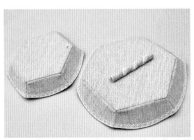

17 盘外侧边缘及木杆涂白胶粘上蕾丝装饰。
Point: 可以用强力夹辅助加强黏合。

18 大小盘中找出中心点做记号，以锥子穿洞。

19 大小盘及木杆装上螺丝。

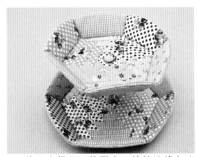

20 裁下直径 3cm 的圆布，缩缝边缘包上包扣。以保丽龙胶粘上盖住螺丝，即完成。

Belles Roseraies

玫瑰庄园

置物篮

优雅的姿态，
从容绽放，
金黄的烂漫，
衬得红花愈发娇嫩。

作品设计、制作／Elena老师　情境摄影／Akira　教学摄影／晴天　做法绘图／林巧佳　文字编辑／苏怡绫、刘芝颖　美术设计／陈启予

完成尺寸：（大）直径15.5cm，高15 cm／（小）直径9.5cm，高11cm　附原尺寸图

letter

盛开舞曲

信插

用手写的情感，
收藏书信的浪漫。

完成尺寸：约长69cm，宽30cm
附原尺寸图

置物篮（大） 玫瑰庄园

材料

配色布、里布、铺棉（单面接着棉）、布衬各30cm，布标2片、不织布2色各10cm×10cm，细线55cm，蕾丝1条

做法

1 依尺寸将布裁下，
表布A：16cm×17cm，
表布B：37cm×17cm。

2 车缝蕾丝于表布A上。

3 依尺寸裁外口袋表、里布各1片，尺寸14cm×43cm。

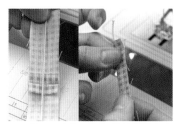

4 裁2cm布条，将细线置于中心后对折。

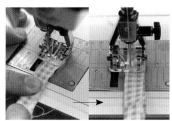

5 将布条放置于压布脚下，起针位置中车缝2～3针，再将针位移往右边3格。

6 密度调至3.5后开始车缝。

7 完成图。

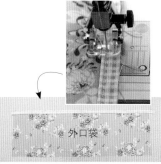

外口袋

8 将布条固定在外口袋表布上。

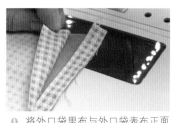

9 将外口袋里布与外口袋表布正面相对车缝，针位往左调2格，密度调至2.5车缝固定。

10 完成图。

11 将外口袋如图折好后车缝固定在表布B上，两侧再疏缝。

12 步骤11与表布A车缝固定。

13 接合处压上一道装饰线。

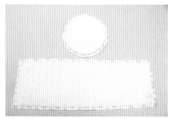

14 完成步骤13后，背面烫上单面接着棉，再依纸型剪下底部图形并烫上单面接着棉（棉皆不含缝份）。

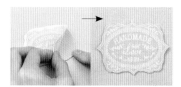

15 布标背面烫上奇异衬，撕下背胶后烫在不织布上，不织布背面也需烫上奇异衬，修剪布标只留轮廓线即可。

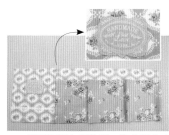

16 撕下不织布背胶后，烫在表布A上，车缝一圈固定布标。

17 将步骤16两侧接合成一圈并在接合处车缝一道装饰线。

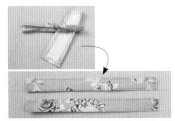

18 裁小提手用布2片并烫上布衬(衬不含缝份)，将布对折后两侧再往中心对折，车缝两侧即完成。

19 将小提手固定在步骤17两侧。

20 接上底部。

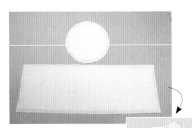

21 裁剪里布及底部用布并烫上布衬(衬不含缝份)，将里布接合成一圈(需留返口)再接上底部。

22 将步骤20套入步骤21里，上方车缝一圈后翻至正面，车缝装饰线后缝合返口即完成。

23 完成。

置物篮(小)

1 依尺寸裁切外口袋表、里布 32.5cm× 10cm 各1片。

2 外口袋表布与里布正面相对车缝。

3 翻至正面，上方车缝一道装饰线。

4 车缝蕾丝。

5 放置布标(布标做法同大置物篮步骤 15、16)。

6 车缝一圈，固定布标。

7 裁剪置物篮表布与里布(表布需烫棉，里布需烫衬，皆不含缝份)。

8 将外口袋放在置物篮表布上并疏缝两侧(因为置物篮的外口袋环绕一周，所以外口袋会比表布稍大)。

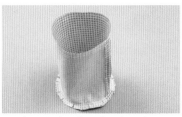

9 将表布接合成一圈，再接合底部。

10 相同方法制作里布，但里布需留返口。

11 将步骤9套入步骤10里，上方车缝一圈后从返口翻至正面，车缝一圈装饰线，缝合返口即完成。

12 完成。

盛开舞曲 信插

材料
配色布各 30cm、不织布、奇异衬、布标、扣子
※ 尺寸标示皆含缝份

上口袋

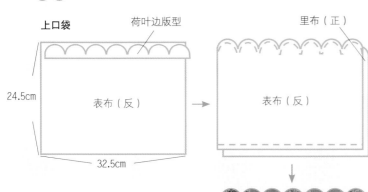

24.5cm

荷叶边版型

表布（反）

32.5cm

里布（正）

表布（反）

1. 将荷叶边版型画在表布的反面上方。表布与里布正面相对，照线车缝，修剪缝份约留 0.5cm。荷叶边及凹处皆要剪牙口。

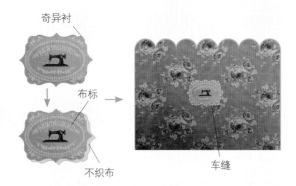

奇异衬

布标

不织布

车缝

2. 布标背面烫上奇异衬，撕下背胶后烫在不织布上，不织布背面再烫上奇异衬，撕下背胶后再烫在上口袋表布上，车缝一圈固定。

32.5cm

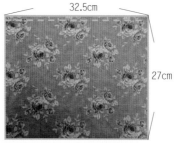

27cm

3. 下口袋表布与里布正面相对，车缝上下两边，翻至正面，上方车缝一道装饰线。

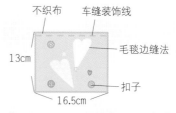

不织布　车缝装饰线

13cm

毛毯边缝法

扣子

16.5cm

4. 裁 16.5cm×13cm 不织布，画 2 个爱心图案，背面烫上奇异衬，撕下背胶烫在不织布上，用毛毯边缝法固定，再缝上装饰扣即完成。

5. 将不织布车缝在下口袋上。

下口袋上盖　　表布（正）

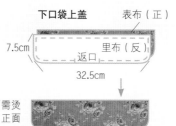

7.5cm

里布（反）

返口

32.5cm

6. 下口袋上盖表布与里布（表布背面需烫衬，不含缝份）用纸型取其形状，正面相对车缝一圈留返口，留缝份 0.7cm，周围剪牙口后翻至正面，缝合返口即完成。

后背布拼接

32.5cm

6.5cm

7.5cm

44cm

32cm

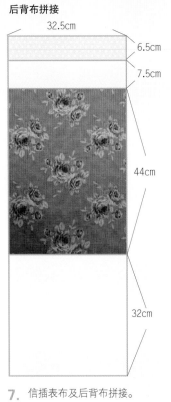

7. 信插表布及后背布拼接。

表布拼接

48cm

36cm

6cm

32.5cm

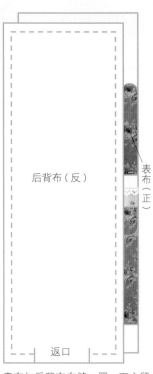

后背布（反）

返口

表布（正）

9. 表布与后背布车缝一圈，下方留返口，翻至正面，缝合返口，周围再车缝装饰线，上方钉上扣子即完成。

12cm

3cm

4cm

4.5cm

32.5cm

车缝

蕾丝

车缝

0.5cm

车缝

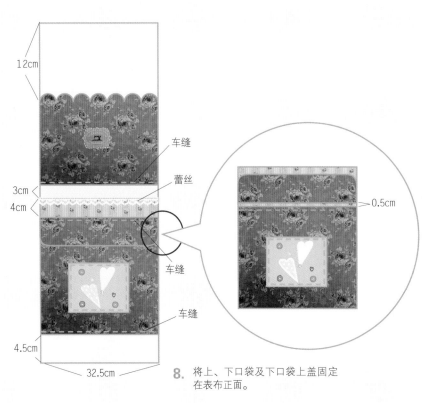

8. 将上、下口袋及下口袋上盖固定在表布正面。

钉上扣子

表布四周车缝装饰线

钉上扣子

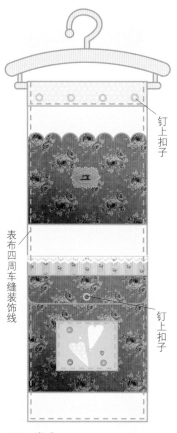

10. 完成。

花漾袋中袋

如冬日的太阳一朵一朵绽放，开在心上，温暖而舒畅，
我们都可以是一个小太阳，伸出手臂传达多一点的爱意，
照亮所有阴郁的黑暗角落，
一点一点聚集成一股耀眼的力量。

完成尺寸：高25cm，宽29cm，厚8cm
附原尺寸图

alfileria

作品设计、制作／郭珍燕老师　情境摄影／郭璞真·曾奕睿　文字编辑／刘芝颖　做法绘图／林巧佳　美术设计／陈启予

材料

表布 **A** 25cm×20cm　2片（袋身）
　　 B 25cm×11cm　1片（底）
　　 C 25cm×16.5cm　4片（外口袋）
　　 D 25cm×27cm　1片（外口袋）
　　 E 27cm×32cm　1片（外口袋）
　　 F 18cm×8cm　2片（侧边）
里布 **F** 18cm×8cm　2片（侧边）
　　 G 47cm×25cm　1片
　　 H 26cm×25cm　2片（内口袋）
厚衬 **A** 25cm×20cm　2片（表布袋身）
　　 B 25cm×11cm　1片（底）
　　 C 23cm×14.5cm　2片（外口袋）
　　 D 23cm×12.5cm　1片（外口袋）
　　 E 30cm×12.5cm　1片（外口袋）
　　 F 18cm×8cm　2片（侧边）
　　 G 47cm×25cm　1片（里布袋身）
　　 H 23cm×12cm　2片（内口袋）
特殊衬 **B** 23cm×9cm　1片（底）
（以上尺寸含1cm缝份）
20cm、25cm拉链各1条
铆钉 8组
四合扣 1个
织带 68cm

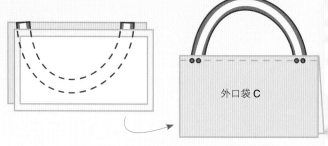

外口袋 C

2. 外口袋C所用表布4片，仅2片要烫厚衬，再将一片烫厚衬的与一片没烫衬的正面相对与织带（提手）一起夹车。翻至正面压0.2cm装饰线，并打上钉。

做法：

需烫衬
侧边
F
×
2
（含缝份）

表布 **A**×2
背面
需烫衬（含缝份）

表布 **B**（底）
需烫衬（含缝份）

外口袋 **D**

外口袋 **E**

外口袋 **C**
烫衬 ×2

外口袋 **C**
不烫衬 ×2

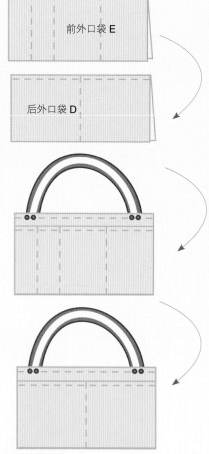

前外口袋 E

后外口袋 D

1. 将表布、里布、厚衬各自依照尺寸剪下。
对照A、B、C烫上厚衬（部分厚衬只烫一半）。

3. 外口袋D、E所用表布烫上一半厚衬，折双后再将正面折线处压上0.2cm装饰线，D车缝于后袋身，E车缝于前袋身。在外口袋E上放置外口袋C，并压口袋隔层（两面口袋隔层不同，一面是平面的，一面是立体的）。

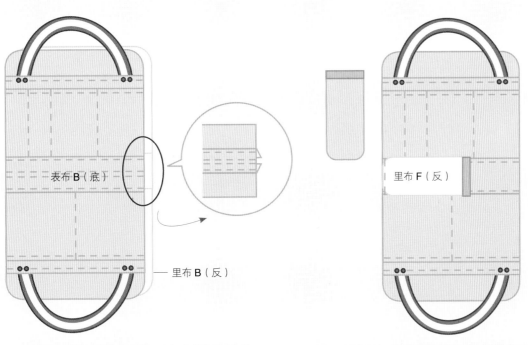

表布B（底）

里布B（反）

4. 步骤3完成的口袋放在表布A上与底（表布B）相接（底布贴上厚衬后，要再放上一层特殊衬，压上装饰线）。缝份倒向底，再压0.2cm装饰线，与里布G接合。

里布F（反）

5. 侧边表布F烫上厚衬，与里布F背面相对，上方车上滚边后与表布身相接，将25cm拉链在上袋口（布边向内0.2cm处）边缘先固定。

里布与内口袋

内口袋

内口袋

完成图

6. 将滚边以外包的方式车上，钉上四合扣即完成。

Shinnie

品味生活的幸福时光

打造生活的幸福小角落，
让我们跟着 Shinnie，
一起宠爱心中的小女孩！

最新著作
敬请期待！

我爱贴布缝 ✕ 雪精灵手提包
彩色铅笔袋
Nana华丽初登场
花梦田

藏在布边的线条，
随着轮廓刻划出多样、优美的曲线，
创造出令人爱不释手的可爱图样，
一起用贴布缝做出想象的蓝图吧！

Shinnie ✕ 雪精灵手提包

作品设计、制作提供 / Shinnie老师
摄影 / C.CH　美术设计、做法绘图 / 韩欣恬　文字编辑 / 刘芝颖
完成尺寸：宽31cm，高33cm，厚4cm　附原尺寸图

昨天在梦里遇见了你，把小雪人装进我的提袋里，
喜欢我穿上层次分明的蓬松洋装，为你化身为一只雪地小精灵，
乘着纷飞的雪花，一起遨游在冬日梦幻的天空。

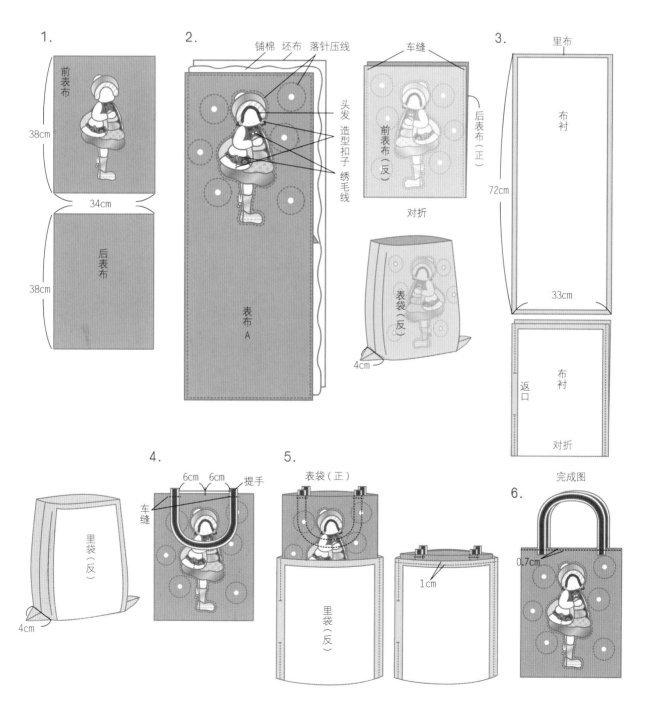

材料

表布　2片
贴布配色布　18色
铺棉
坯布
里布
布衬
造型扣子
娃娃头发
咖啡色、米白色绣线
白色毛球　8个
提手

做法

1. 裁表布34cm×38cm 2片，分别为前片表布及后片表布。前片表布将贴布图置画上，并依贴缝顺序完成贴布缝。(顺序标示在原尺寸图上)

2. 将完成贴布缝的前片表布与后片表布相接成表布A，表布A＋铺棉＋坯布三层压线，图形部分落针压线，其余可压圆形（以毛球为中心点，压直径7cm的圆形），也可压直线或格线（依喜好）。

★依图示完成绣图（雪人嘴咖啡色线1股，其余绣线为米白色），缝上娃娃头发、造型扣子及毛线，修剪缝份至尺寸为33cm×72cm，表袋正面相对缝合两侧（缝份1cm），缝合4cm三角底，成表袋（尺寸为31cm×34cm（含袋口缝份1cm）×4cm）。

3. 裁里布及布衬，尺寸为33cm×72cm（含缝份尺寸），里布烫上布衬，对折后两侧组合成袋，里袋单侧需预留12cm返口不缝合。缝合4cm三角底。完成尺寸：31cm×34cm(含袋口缝份1cm)×4cm。

4. 在表袋（前片与后片）中心线往左右各6cm处分别画出提手位置，将提手暂固定（提手2条：45cm×2条）。

5. 将完成的表袋套入里袋中正面相对，上缘开口缝合一圈（缝份1cm）。

6. 从里袋预留的返口将正面翻出，整烫袋身，缝合返口，袋口上缘压整圈0.7cm装饰线，即完成。

Ann ✕ 彩色铅笔袋

这些日子，全世界都围绕着"末日"议题讨论，和许多人一样，我也会思考着，若真有末日，在那之前想做些什么呢？✏

美术设计／韩欣恬

作品设计、摄影、文字提供／Ann

内附原尺寸图

不用多说，第一个当然是要陪伴家人，另外，我想来想去，嗯……还是多做一些拼布吧！为什么呢？理由也蛮简单的：第一，人生总有结束的一日，但是，拼布作品可以留下来呀！第二，想努力做一些可以让世界变得更美好的东西，即使是只有一点点也好。第三，反正就算没有世界末日，我也喜欢做拼布，边做边等一点也不吃亏。

还是聊聊轻松的吧！前一阵子去书店看到零卖的单支色铅笔，又粗又好画，颜色也很美，忍不住把笔筒里每种颜色都买了。看着一堆可爱的色铅笔，决定为它们做一个专属笔袋。绑绳的笔袋像是一件珍藏的宝物，一打开来，发现每支画笔乖乖地躺在里头，等着为这世界增添美丽色彩，脸上瞬间被幸福的微笑填满……

42

How to make

1. 依照纸型制作表布的贴布图案，再绣上线条图案。

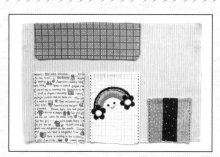

4. 袋盖也以步骤 3 的同样方式制作。将完成的口袋与袋盖先疏缝在底布上，再将口袋两侧车缝固定。

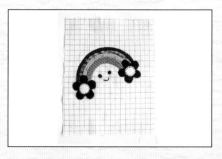

2. 内口袋制作：依照纸型裁剪口袋表布，完成表布的贴布图案。

5. 将表布与底布正面相对，加上棉衬车缝一圈，留返口翻至正面，缝合返口时，加缝一条长72cm 的绑绳，绑绳末端缝上装饰扣子。

6. 放入色铅笔，完成笔袋。

3. 裁剪与口袋表布同样大小的布衬（单面胶），表布正面与布衬（无胶面）相对，车缝n形，留一边不车缝，翻至正面烫平。

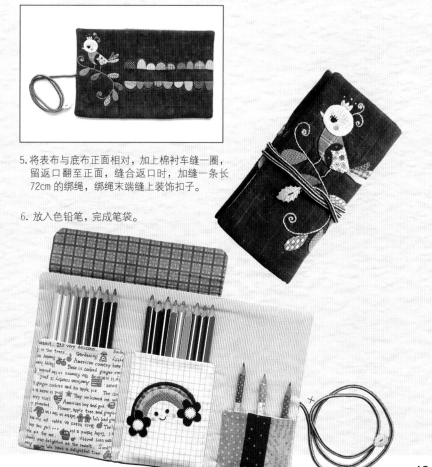

Nana
华丽初登场

Hello，我是 Nana（娜娜），
自信的眼神、大方的步伐，
多方涉猎、勇于尝试，
做个都市新女性，
形成自己的 style（风格），
不盲目跟随潮流，
写下属于个人的时尚日记。

作品设计、制作、做法提供：潘妤莹老师
情境摄影：萧维刚　教学摄影：潘妤莹老师
美术设计：韩欣恬　文字编辑：刘芝颖
完成尺寸：约高29cm，宽36cm，厚8cm
附原尺寸图

How to make

🐾材料
米色表布 35cm×80cm
红色内层表布 60cm
红色帆布 32cm×50cm
里布 60cm
厚衬 90cm
拉链 35cm 及 18cm 各 1 条
配色布数片
绣线适量
花扣 1 颗
提手 1 副

1. 依纸型剪下表布，依序贴布缝，再将绣图完成。

🐾娜娜
眼睛：轮廓绣 1 股
嘴：结粒绣 2 股
鞋子：轮廓绣、缎面绣 2 股
背包：锁链绣 6 股
手提袋：轮廓绣 2 股

🐾狗
狗链：锁链绣 6 股
嘴：2 股
脚：2 股
尾巴：缎面绣 2 股

2. 狗狗缝上花扣并用压克力颜料画上眼睛。

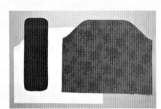

3. 剪下与表布相同的厚衬 4 片，烫入米色、红色表布各 2 片，上方表布留 1cm。

4. 剪红色内层表布 2 片并烫厚衬，里布 2 片（不烫衬）备用。

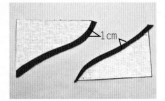

5. 厚衬 4 片（左右各 2 片）贴入红色帆布，上方留 1cm，将缝份往下烫。

作品赏析

QQ 贵宾化妆包　　娜娜品味个性长夹
完成尺寸：高12cm，宽19cm，厚5cm　　完成尺寸：长19.5cm，宽10.5cm

6. 将红色帆布车至米色表布下方装饰。

7. 将米色表布与红色内层表布正面相对，上方车缝，并剪牙口。

8. 翻回正面上方车缝压线 0.2cm。

9. 将完成的前片表布与内层红色表布叠好后，左右车缝固定。

10. 固定好的前后片正面相对，如图左右车缝 1cm。

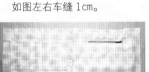

11. 将里袋开好内袋拉链口和小口袋，滚上拉链（18cm），再正面相对左右车缝1cm。

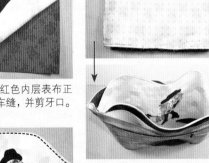

12. 车好的里布套入完成的表布。

13. 将袋底表布与铺棉车缝压线并将版型修正好。

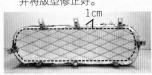

14. 中心点对好与袋身组合，底部四周车缝 1cm。

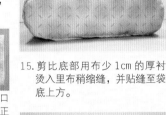

15. 剪比底部用布少 1cm 的厚衬烫入里布稍缩缝，并贴缝至袋底上方。

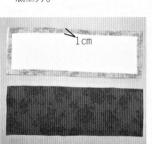

16. 剪 8cmx28cm 厚衬烫在红色表布上，四边留 1cm（上下各 1 片）。

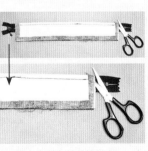

17. 找出中心点并与拉链（35cm）车缝，前后折双处如图示稍剪开。

18. 翻至正面左右缝份往内折四边并车缝 0.2cm。

19. 剪 3cmx5cm 厚衬烫在红色表布上，做拉链前后挡布。

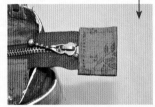

20. 拉链口布完成后置于袋物上方疏缝固定，缝上滚边条（滚边条取 4cm 宽）。

21. 找出包包中心位置，左右各 6cm 处装上提手即完成。

45

花梦田

转印图案布样可
参考P.85

作品设计、制作、做法提供／许爱敏老师
情境摄影／詹建华　美术设计、做法绘图／韩欣恬　文字编辑／刘芝颖
完成尺寸：宽34cm，长124cm

爱是最甜蜜的灌溉，
情感就在土地中蔓延开来，
嫩芽在空气中伸了一个懒腰，
期待已久的花苞逐渐饱满，
盛开花梦田的灿烂。

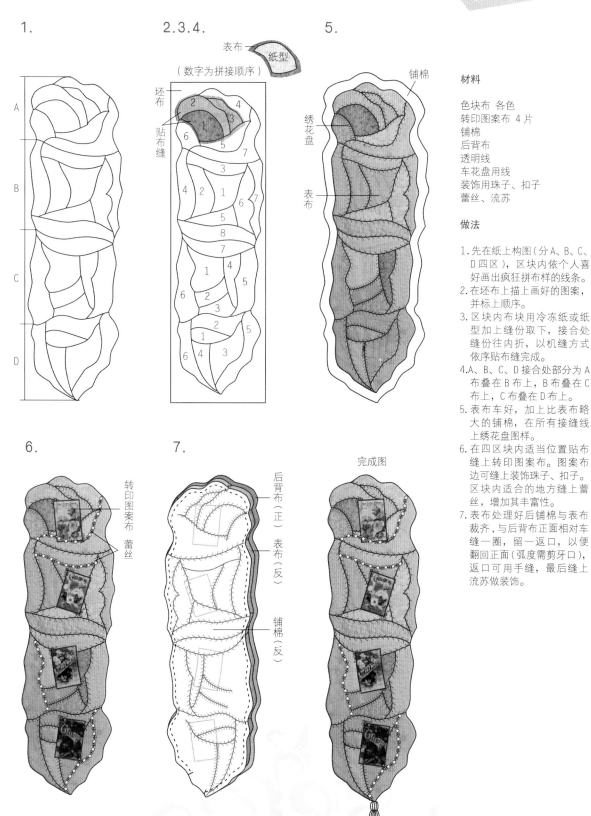

1.

2.3.4.

表布　纸型
（数字为拼接顺序）

坯布

贴布缝

5.

铺棉

绣花盘

表布

6.

转印图案布
蕾丝

7.

后背布
（正）

表布
（反）

铺棉
（反）

完成图

材料

色块布 各色
转印图案布 4 片
铺棉
后背布
透明线
车花盘用线
装饰用珠子、扣子
蕾丝、流苏

做法

1. 先在纸上构图（分 A、B、C、
   D 四区），区块内依个人喜
   好画出疯狂拼布样的线条。
2. 在坯布上描上画好的图案，
   并标上顺序。
3. 区块内布块用冷冻纸或纸
   型加上缝份取下，接合处
   缝份往内折，以机缝方式
   依序贴布缝完成。
4. A、B、C、D 接合处部分为 A
   布叠在 B 布上，B 布叠在 C
   布上，C 布叠在 D 布上。
5. 表布车好，加上比表布略
   大的铺棉，在所有接缝线
   上绣花盘图样。
6. 在四区块内适当位置贴布
   缝上转印图案布。图案布
   边可缝上装饰珠子、扣子。
   区块内适合的地方缝上蕾
   丝，增加其丰富性。
7. 表布处理好后铺棉与表布
   裁齐，与后背布正面相对车
   缝一圈，留一返口，以便
   翻回正面（弧度需剪牙口），
   返口可用手缝，最后缝上
   流苏做装饰。

庞老师常告诉学生，配色最简单的方法就是观察布，许多布都已经把可搭配的色彩印在布上了。不过，单单用颜色配布，容易失之偏颇，还须同时注意花色与色调的变化，总不能把浪漫的玫瑰配上可爱的国旗吧！另外，也要注意明度（亮度）的一致性，否则，作品看起来会非常不协调。

一个闹中取静的温馨拼布坊
拼布花园

自从十多年前到美国宾夕法尼亚州，参观了艾米须人(Amish)的拼布作品后，对这些作品便爱不释手，所有亲手做的被子、抱枕等，皆充满了浓浓的美国风，好有家的感觉。回台后，我就开始学习拼布了！

庞慧如

明亮、色彩丰富、充满阳光的感觉，并带有一点设计感的作品，是庞老师所偏爱的风格，以日本老师来说，小关铃子、上田叶子与乡家启子等，以及欧美的 Kaffe Fassett，这些老师设计出的布与作品，都是庞老师的最爱。

庞慧如老师的素描作品

文字、图片提供／庞慧如老师　美术设计／陈启予

庞慧如老师告诉想学拼布的朋友们：拼布作品最重要的就是创意与设计，包括要用什么布，要如何配色，怎么压线……都想过了，接下来是实现这些想法。也就是说，缝制的功夫其实只是最基本的要求，希望所有喜爱拼布的人除了会缝以外，也能学习把自己的想法设计成作品。

庞慧如老师说："以前用手贴缝，这种悠闲的慢工细活的感觉是我的最爱，但随着年岁增长，眼睛也开始老花了，那些耗时的技巧就比较少用了。因为想做的东西太多，害怕没有更多时间做其他的拼布。现在，我喜欢用缝纫机做作品，特别是那种没有一定规矩的做法，完全使用裁刀，按照当时的想法随性做的东西，最能激发我的兴趣。

布的交响曲

Quilt Symphony

庞慧如老师·花园之心手提袋

布与针交织的节奏，
恍如乐器交响中的此起彼落，
拼布人就是整个乐团的指挥家，
用灵感创作各种可能性，
谱出悠扬的拼布乐曲。

金昌廷老师·黑猫KiKi背影挂钟

黛西老师·小春日和手机套

映衣老师·花舞蝴蝶结提袋

花园之心手提袋

凡尔赛的浮华绚烂，蒂凡尼的优雅仪态，
35厘米的格速拨放，让剧情载着我浪漫的随想。

作品设计、制作、示范教学／庞慧如老师　情境摄影／萧维刚
教学摄影／陈启予　文字编辑／苏怡绫、刘芝颖　美术设计／林巧佳

完成尺寸：宽40cm，高41cm，厚8cm
附原尺寸图

材料

爱心口袋表、里布　35cm×23cm　各1片
爱心口袋口布　8cm×26cm
口袋帆布口布11cm×32cm　2条
袋身表布（按纸型裁剪）
袋身里布（花布）　35.5cm×32cm　2片
袋身里布（红色侧边布）（依纸型裁剪）　2片
拉链布　（按纸型裁剪）

口袋布（前、后）A　27cm×32cm　2片
　　　　　　　 B　25.5cm×32cm　2片
拉链　25cm 2条（口袋A、B用）
　　　33cm 2条（外袋身用）
铺棉
坯布
提手

做法

（外口袋）

1 爱心口袋表布＋铺棉＋坯布用喷胶固定，在表布上画一条水平线。

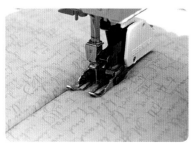

2 先用均匀送布齿压水平线，再以此线为基准线左右压平行线（密度2.5），间隔可自由设计（1.5cm以内），但需从同方向压线，避免口袋变形。

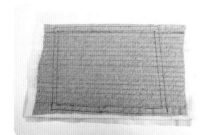

3 压完线后用纸型取下口袋尺寸（需多留1cm缝份）。

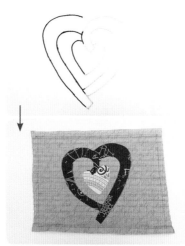

4 用奇异衬描口袋爱心图案（奇异衬没有胶的那面描纸型反面），将奇异衬剪下，烫在红色心形用布的背面再剪下，撕下背胶后再将心形图案烫在口袋布上(中间小爱心亦同)。

5 用24号压布脚距边缘0.2cm以自由曲线方式车缝固定，并依纸型尺寸裁剪口袋。

6 裁爱心口袋口布1片、爱心口袋里布(需烫上厚布衬)1片，与步骤5的爱心口袋表布共3片车缝接合，缝份倒向口布，口袋口布两侧皆需压一道装饰线。

★因口袋里布为帆布，质地较硬挺，压装饰线前可先用骨笔稍微压平，但勿过分用力，以免伤及表布。

（表袋身）

7 将步骤6缝上的口袋口布对折，于口布中心压线约0.2cm，口袋两侧再疏缝固定，爱心口袋即完成。

（拉链布）

8 按纸型将拉链布裁下（与拉链拼接的缝份为0.7cm，其余皆为1cm），花布皆要烫厚布衬。

9 拉链（33cm）正反两侧沿着边先粘上水溶性胶带，将两侧拉链表布、里布正面相对与拉链黏合固定。

★拉链与布黏合时，从中心点开始较不易变形。

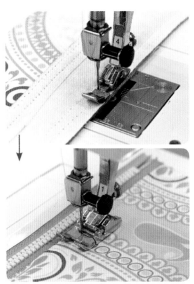

10 用4号压布脚车缝(针位最左，密度2.5)，再翻回正面以1号压布脚车一道装饰线(缝份0.5cm，针位最左)。

★起针时将上、下线拉至压布脚后方，较不易绞线。

11 拉链拉开，左右表、里布各自夹车。

★帆布整烫后压线，缝份倒向花布，用16号针及皮革线，密度3.0，缝份0.5，压力60，张力6。压线时将布拉开整烫，不要烫到拉链。

12 车完后，拉链口布的里布再相接并压线（缝份倒向右侧）。

13 依纸型将袋身布剪下，将表布排好拼接完成。接合处皆要压线。

★烫帆布时可使用网状透明烫垫，以防止产生压痕。

14 表布另一片以相同方式完成。

15 表布2片正面相对车U字形，打底角8cm，剪掉截角多余的布。

★车帆布时用皮革线可使缝线更紧密。

（里袋身）

16 裁3cm×8cm的布片2片对折再对折。

17 用步骤16的布条将拉链（25cm）尾端包住。

18 帆布口袋口布与口袋布A夹车拉链，起头拉链缝份折入，袋身里布与口袋布B夹车另一侧拉链。

帆布口布
口袋布A —
口袋布B —
袋身里布

完成图

19 拉链夹车之后，口袋布A、B底部相接，左右两侧疏缝固定。

★拉链车一半时，把针停在下方，把拉链头拉过之后再继续车缝。

20 接合袋身里布的侧边布。

21 相同方法完成另一片。

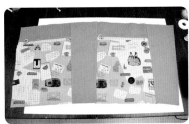

22 将步骤20、21接合后，左右再接缝成一筒状，底部车缝，再车底角8cm，多余的布剪掉。

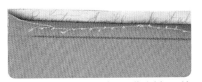

23 表袋身与里袋身的上方往内折1cm缝份。（可先画2cm记号线内折）

24 里袋套入表袋，距上缘0.7cm车缝一圈，加上提手即完成。

完成图(正面)

完成图(背面)

小春日和手机套

驱走冬日的寒冷，
一年之计就在春天好好打算。
苏醒的空气，
让精神抖擞，
百花都渐渐盛开了，
心情也开朗起来了！

作品设计、示范教学／黛西老师　情境摄影／C.CH
文字编辑／刘芝颖　做法绘图美术设计／林巧佳

Back Look

背面还可以放小东西喔！

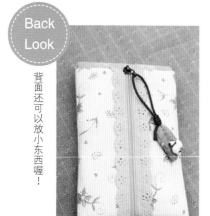

■完成尺寸：宽8.5cm，长13cm　■附原尺寸图

■作品尺寸：直径9cm

作品赏析

一口花零钱包

（做法见P.87）
圆鼓鼓的花儿，
花心是一片闪亮亮的马卡龙，
差点就一口吃掉，
里面可是饱满的零钱呢。

材料

红色袋盖布、花朵袋身布、厚衬、单胶棉、蕾丝拉链、柱形磁扣1组、蜡绳一小段

做法

1. 将红色袋盖布背面烫衬，再烫上单胶棉。上 方车成U形，由返口翻回，缝合返口，并在袋盖打洞。

2. 袋身做法：同步骤1，磁扣公扣在未缝合返口前装上。

3. 花瓣做法：沿着边缝合并留返口，翻回正面后缝合返口，同步骤共八片花瓣（大小依个人喜好）。

4. 梗的做法：将布条对折两次成四分之一宽。

5. 小蜜蜂的做法：将布块斜对折成三角状，剪下约一粒米大小的布片2片，沿着边缝合并留返口，翻回正面塞入棉花缝合返口，再用线在身上三处各绕三圈。翅膀做法同身体，用针穿过身体中间固定翅膀。

6. 将花梗打结。

7. 花瓣串成一圈，沿中心的洞缝成一个圆（加强），再装上磁扣母扣。

8. 将袋盖布、袋身布叠在一起，车缝底线顺序为：A→B，A→C，将袋身布两侧边对合。

9. 车缝上拉链。

10. 缝合顶部及底部。

11. 拉链头可自行制作叶子或小花作为装饰，即完成。

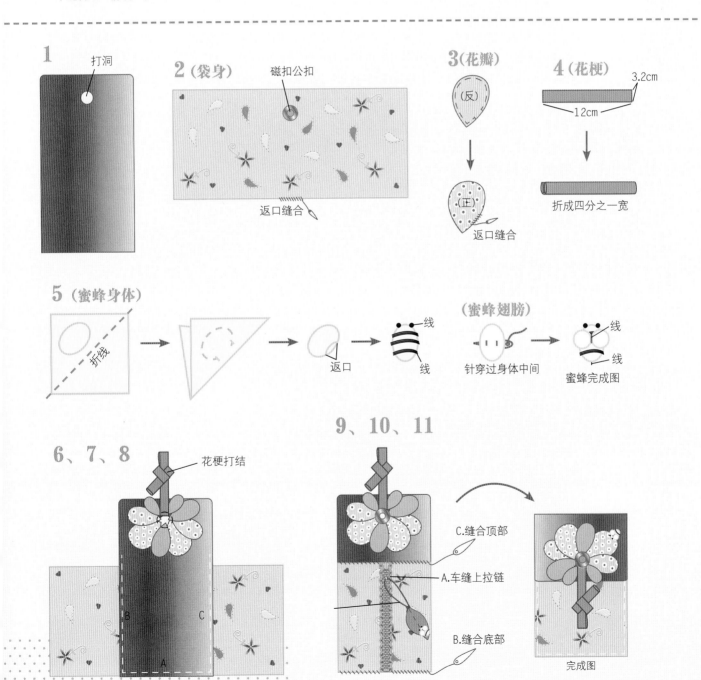

材料

2块配色布

{花舞蝴蝶结提袋}

漫天飞舞的花朵，

撒落一地的春意。

扎起一个春天的蝴蝶结，

随着繁花时节，

翩然跳跃。

完成尺寸：图案　19.5cm×19.5cm，提袋　高30cm，宽30cm，厚5cm　附原尺寸图

HOW TO MAKE

{布纹方向}数字为拼接编号

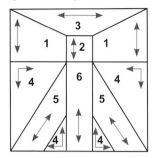

↔ 横布纹

↕ 直布纹

⤢ 斜布纹

横、直布纹皆可

裁布

1 将配色布区块一一剪下。

拼接缝合

2 依顺序正面相对平针缝（点对点），缝份倒向中心。
顺序：上片为1+2+1+3
下片为4+5+5+4+6
最后将上下片拼接

🎀 缝份统一倒向蝴蝶结区域，增加其立体感。

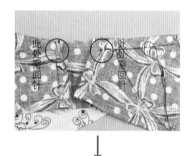

此处需回针　　此处需回针

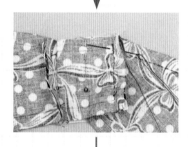

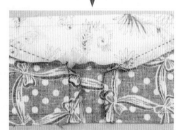

3 在1+2+1+3的接合点上回针缝过中心。

🎀 使用"回针缝过中心"是要让剪接的地方从正面看会比较密合、紧实，不易被撑开。

上片
下片

4 上下片拼接时使用回针缝过中心。

🎀 接合线对齐，接合平整，没有漏洞才是正确的样子喔!

5 完成。

黑猫Kiki背影挂钟

DI · DA · DI · DA~

一分一秒之间，
时光安静地
随着尾巴摆动的频率，
流逝在左右起伏荡漾的微波之中……

玩布盒作社

布盒男人
被胶侵蚀的大手，
厚实的包覆着布盒，
细腻的推波，温柔的压合……

材料

黑布约45cm
机心与机眼（四个时间点）（直径约1.5cm）
打孔工具
轮刀
大、小布剪
锯齿剪
皮绳
100号布砂纸
水晶钻 4颗
白胶
纸胶带
拓印笔
鸡眼扣
1mm硬纸板
3mm硬纸板（或2mm硬纸板）

story 创 作 小 故 事

Kiki与小可，两兄妹从山边滑落，意外地掉进老师家中，就此进入老师的生活中。如此可爱的浪漫巧遇，让两只嗷嗷待哺的幼猫，三年下来长成了两只大肥猫。它们喜欢赖在被窝里一起睡着，黏着家中的人喵喵撒娇。

这件作品就缘于Kiki静坐着不理会老师呼唤的背影。

Kiki~

作品设计、示范教学／金昌廷老师　情境摄影／C.CH　教学摄影／Chaco　文字编辑／刘芝颖　美术设计／林巧佳
完成尺寸／宽22cm，高48.5cm，厚3.5cm(含钟摆)　附原尺寸图

How To Make

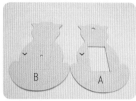

> 图中白线为剪牙口处。

1 将猫的纸型图画在3mm硬纸板上,以笔刀割下,依记号挖洞(两片型板以A、B做记号)。

> 两片硬纸板都选定一面朝外面,做上记号(示范图为"∨")。

> 两片皆需画出机心盒位置以利对齐。

2 以1mm硬纸板剪下机心盒、弧形纸板及钟摆锤的侧边纸板条。

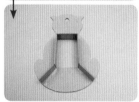

3 以拓印笔沾白胶将机心盒及钟摆锤侧边纸板条粘在A板上,可以纸胶带辅助。

> 下方斜边处可先以弧形纸板比出位置后再粘贴。

> 拓印笔先沾水,以毛巾微微擦干后再进行粘贴。

> 白胶有腐蚀性,手尽量不要直接接触,可准备一条湿毛巾在旁。

4 以纸胶带固定,机心盒即完成。

5 依A板粗略剪出布的尺寸。

> A板需打鸡眼,所以必须先与布黏着,一般都是纸板组合完才贴布。

6 A板表面上胶后与布黏着,再以锯齿剪刀留约1cm沿边剪下。

> 上胶需均匀且不可太厚,避免表面不平;涂的速度要快,否则易干。

> 黑布涂胶的技巧较高,因胶的颜色容易显出,初学者可以其他颜色布制作。

> 若不好涂匀推开,可加微量的水稍微稀释。

7 机心盒以一般布剪剪布边,并在四角剪牙口。

8 鸡眼处以牙口剪开后敲入鸡眼扣。

9 在凹处剪牙口。

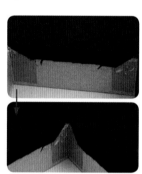

10 将机心盒洞口处的布边往内折,并以白胶黏着。

11 A板上的机心盒涂上白胶与B板黏着(注意"∨"面朝外)。

> 可用纸胶带辅助加固。

12 先取宽3.5cm的1mm硬纸板从下方开始滚边，边上胶边黏着布边。

▭▷ 以纸胶带辅助黏着。

▭▷ 凹处可稍做压折以利黏合。

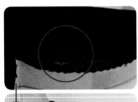

13 布面若有胶渗透出来，可以湿布擦拭再熨烫，让胶软化使其黏着。

14 将纸胶带撕去，以砂纸修整表面。

15 依B板剪下布片与之黏合。

判断白胶是否涂抹均匀

【正确示范】

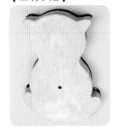

【错误示范】

16 以锯齿剪留边剪去多余的布，挖出B板机心洞。

17 洞口的布边上白胶后折入。

18 取宽3.5cm纸板条测量猫样纸板周围确切的长度。

19 以纸胶辅助固定（胶带与B面黏着较佳）。

20 拆下纸板条，以纸板条辅助裁剪布条（布边留约1cm），将纸板条与布条黏合。

不内折

21 将布边内折黏合，包覆时要拉紧压实（使胶被推出），头尾不必内折。

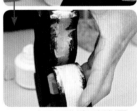

22 上胶于猫样纸板侧面，此处胶可略厚（因为是纸板相黏合，这样可使其牢固）。

23 贴布完成。

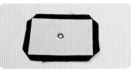

24 依纸型留约1cm布边剪下黑布，黏着后将四角剪斜。

25 机心口内涂胶对准机心
洞与纸板相黏合。

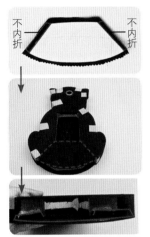

26 将两片弧形纸板与布黏
合留边剪下，弧边以锯
齿剪处理。再将多余的
布边往内折，但两侧不
用内折。

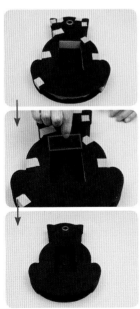

27 测量盒内裸纸板的长宽
并裁出纸板，与布黏着
于盒内。

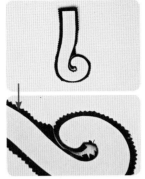

28 以1mm硬纸板剪出2片猫
尾端纸板，上胶黏着于
布上，留边以锯齿剪刀
剪下，漩涡处以一般布
剪剪牙口。

29 纸板上胶，将布边内折。

30 将机心盒置入机心口
中，以老虎钳拧紧。

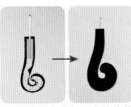

31 以AB胶或保丽龙胶将摆
锤粘在纸板上，以纸胶
固定再黏合于另一片纸
板上。

32

用夹子夹住头
尾两侧（示范
用强力夹力度
较大，所以夹
纸板于其中较
不会在布上留
痕迹）。

33 对准钟面四个定点烫钻
（也可用数字或其他装
饰），并装上指针。

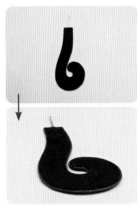

34 猫尾摆锤边粘上皮绳。

35 装上猫尾摆锤即完成。

金老师给布盒初学者的
贴心小提示

1.制作布盒需有耐心，勿急
于求成，因白胶干燥需要时
间，干燥后才能完全与纸板
黏合，一般来说布盒制作需
要两天的时间。

2.建议布盒初学者先以方形
造型制作，较易上手（请参
考《巧手易38期》或《巧手
易七年精选拼布》基础布盒
制作教学）。

作者 / 李青绮老师

衣窥曲线的秘密

洋裁的精致柔美，突显身体曼妙的曲线

作者 / 魏廷伃&简雪丽老师

复古 红 毛呢大衣

作品设计、制作示范教学／魏廷伃老师、简雪丽老师　情境摄影／萧维刚
教学摄影／陈启予　文字编辑／刘芝颖　美术设计／林巧佳

穿上毛呢大衣的温暖柔细，
红彤彤洋溢出一身的喜气。
向你祝贺道一声恭喜恭喜，
愿新的一年事事吉祥如意。

● 完成尺寸／约肩宽38cm、衣长90cm ● 内附原尺寸图

材料准备

红色毛料1.8cm
纽扣6个
滚边条（配色布）宽3.5cm，长1.5m

HOW TO MAKE

（贴边）

（衣身）

1 依纸型裁下贴边。

2 将滚边条正面相对接合，缝份烫开，
再将贴边组合车缝并滚边。

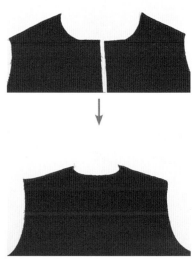

3 将衣身前后片的肩线拷克。

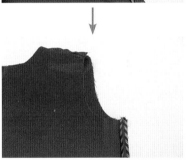

6 前片与后片正面相对车缝肩线。

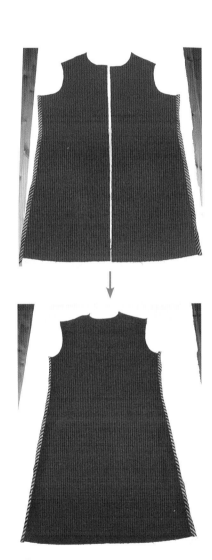

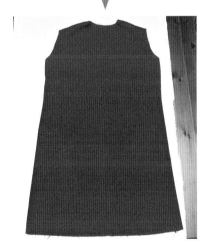

5 前片与后片正面相对车缝侧边。

4 将衣身前后片滚边，压车表面即可。
其余往后折烫，无需压车。

（衣身）

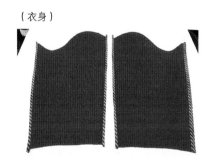

7 将袖子滚边。

8 缝合袖子。

（领子）

9 底领烫衬，沿缝份与表领车缝∏形。

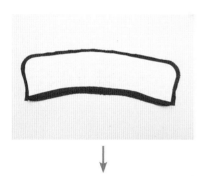

10 将底领的缝份剪小后剪牙口，翻回正面熨烫。

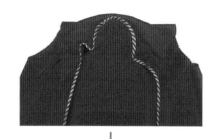

11 车缝贴边缝合领子和衣身。

12 车缝袖子与衣身，并将接合处滚边。

13 衣身下摆滚边，往上折约3cm，手缝整个贴边一圈。

14 袖口内滚边（同步骤13）。

15 缝上纽扣即完成。

海岸风开襟衬衫

作品设计、制作示范教学／隆德贸易有限公司 李青绮老师　情境摄影／萧维刚　教学摄影／黄钰婷　文字编辑／李青绮、刘芝颖　美术设计／林巧佳

海鸥滑过澄澈的天空，留下一丝丝的蓝。迷幻的阳光一闪一闪，海还是透着迷人的蓝，

尼斯的空气吸进身体，拉布拉多都更加神气，慵懒成了生活必需品，在蔚蓝海岸散步渐渐上瘾。

使用机型／BERNINA B530
完成尺寸／约肩宽40cm，衣长70cm，袖长59.5cm　●内附原尺寸图

材料

棉布2.1cm
斜布条　2.8cm×70cm　2条
　　　　2.8cm×20cm　2条
　　　　3cm×40cm　1条
直径1.2cm扣子7颗

透明接着衬
返里器
拆线器

压布脚：＃1、＃3A、＃5、＃18、＃94、
＃84（26～30mm）

（前片×2）

（后片×1）

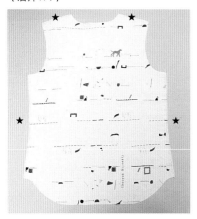

（袖子×2）

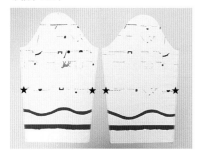

（领子×2、袖口布×2）
斜线记号处贴透明接着衬

（衣身）

1 车缝肩线，并将缝份打开。

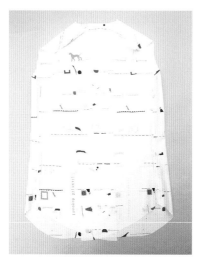

2 车缝胁边，并将缝份打开。

（反面）

0.3cm

3 将斜布条3cm×40cm正面相对对折距边缘0.3cm车缝，并将缝份修剩0.2cm。

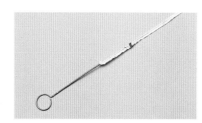

4 使用返里器翻到正面。

5 剪5cm长的5段。

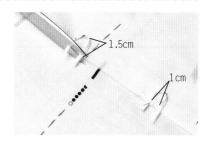

1.5cm

1cm

6 将布条车缝于纸型所标记的记号处，并将多余的缝份修齐。

7 完成门襟处的5个扣环。

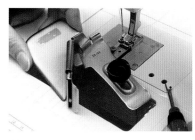

8 准备车缝滚边。使用压布脚＃84、＃94，将黑色螺钉装进拆线器所指的小孔中。

9 将斜布条2.8cm×70cm穿入压布脚＃84中（可利用拆线器或锥子辅助推送布条）。

（正面）

10 将前片夹车于斜布条中，一次车缝。

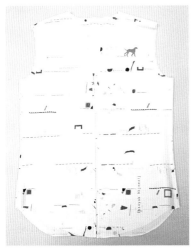

11 如图，完成前片左右两边滚边。

（领子）

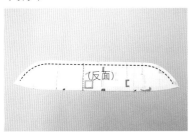

（反面）

12 如图按标记的虚线位置车缝（不车到缝份）。

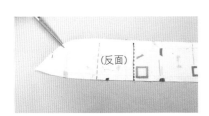

（反面）

13 弧度处剪牙口。

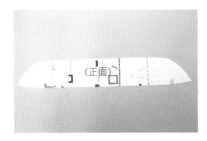

（正面）

14 翻至正面并整烫。

（反面）

前身片（正面）

15 车上领子。将没有烫衬的领片与前身片正面相对接合。

前身片（反面）

16 将缝份折入，并用珠针固定。

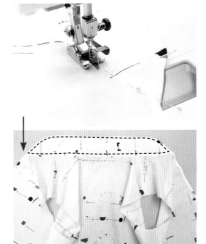

17 使用压布脚＃5，将针位右移4位，距边缘0.2cm将领子车缝一圈装饰线。

（袖子）

18 将袖口开口处剪至记号点。

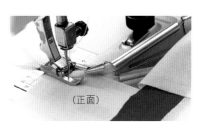

（正面）

19 同步骤8～10做法。用斜布条（2.8cm×20cm）将袖子开口处车缝上滚边。

20 如图，完成袖口开口处滚边，并将多余的缝份修齐。

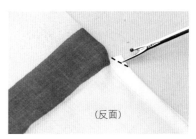

（反面）

21 如图，车一斜角（拆线器所指位置）。

22 如图，完成袖口开口滚边。

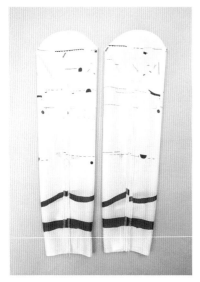

23 车缝袖子胁边，并将缝份打开。

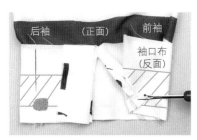

24 将袖口布与袖子正面相对接合（如拆线器所指处，将前袖开口滚边折入）。

25 将袖口布反折，车缝虚线处后，即可将袖口翻至正面，并把缝份折入。

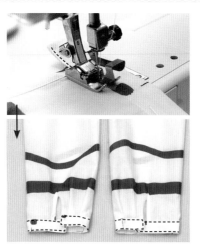

26 同步骤17，距边0.2cm车缝一圈线。

（组合）

27 接合袖子，并拷克。

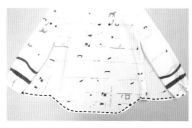

28 将下摆三折，同步骤17，距边0.2cm车缝一圈装饰线。

29 使用压布脚＃3A，准备车缝扣洞。如图，扣子对齐红点，将红箭头移至扣子尾端，以测量直径。

◎将底线穿过梭壳上的小孔，此方法可车出完美的扣眼喔！

30 车缝时红点对准红箭头停止车缝，按一下回针键，即可继续完成车缝。

31 完成扣眼后，使用拆线器割开即可。

32 使用压布脚＃18，可快速车缝所有扣子。

33 完成。

拼布的艺术飨宴

技艺精湛的壁饰，将拼布的美化为艺术的展现。

作者 / 徐旻秀老师

作者 / 陈节老师

壁饰赏析

当颜色很丰富时，便能充分地表现造型，
赛尚曾如此描述他绘画的方法。
也就是说颜色可以表现造型，
但不是借着颜色变化来表达，
而是通过颜色间相对位置的变化进行图案的设计，
当色彩在完整的结构正面相对达出来，
就可以享受色彩带给我们舒适愉快的感觉。

文字提供／陈节老师　摄影／何昱菁　美术设计／陈启予　场地提供／禧树景观设计有限公司
单元协助／布能布玩拼布生活工坊(台中河北店) TEL：04-22450079

Sweet House

鲜艳的色彩有时候会让人眼花缭
乱，若是运作恰当，会很容易聚集
人们的目光。来自 Kaffe 关于花草
植物的奇想，让缤纷花朵的图案棉
布，营造出甜美小圆木屋的情境。

作者／陈节老师
尺寸／215cm×215cm

在大自然包围的生活环境中，季节、植物、鸟、阳光等自然要素都是设计师的最佳武器，收集Kaffe经典图案样布，让拼布作品通过不同搭配而衍生出多样的组合，改变你创作的"灵魂之窗"。

Golden House

作者 / 高樱芳
尺寸 / 180cm × 180cm

蓝

作者 / 李青绮
尺寸 / 152cm × 152cm

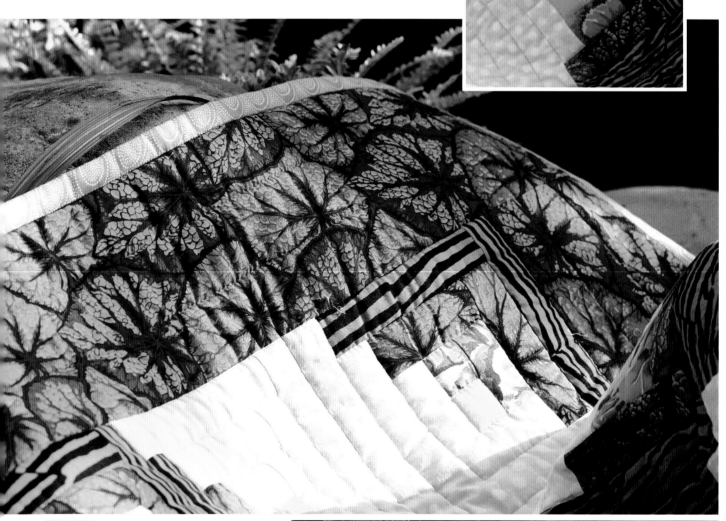

蓝白对比色，加上简单的基本图形，
这种纯净大自然的花草，
很适合帮助自己做色彩搭配的创作，
相信只要有机会接触，
你也会爱上 Kaffe 的印花设计。

灼眼

作者／徐桦祯

尺寸／120cm×162cm

放大的植物花草，表现宁静的力量，
犹如一首首优美的旋律，让人非常向往，
也能让人体验设计的美好。
亮眼的色彩，能让人轻松欣赏，
也让简单的形状中产生缤纷色彩的刺激。

灿烂千阳 *A Thousand Splendid Suns*

作品设计、制作、示范教学／徐旻秀老师　情境摄影／Akira
教学摄影／陈启予　文字编辑／苏怡绫、刘芝颖　美术设计／林巧佳

酒红酝酿热情，
金黄盛开闪耀，
翠绿弥漫森林……

色彩激发了无穷的创意和澎湃
的想象，
成就了如千阳般灿烂的灵感。

完成尺寸／半径（小圆）约8.4cm、（大圆）20cm
内附原尺寸图

材料

裁布尺
一般直尺
轮刀
铅笔
珠针数个

34号压布脚

描图纸快速拼接车缝做法

（纸型）

（完成时的正面图）

（完成时的反面图）

1 纸型及完成时的正反面图。

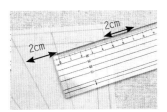
2cm
2cm

2 先量角度。一般加2cm缝份，角度越大，缝份越宽。

3 选布，先裁横布条。

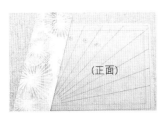
（正面）

4 布放纸型正面，布正面朝上，第一片布放置时需超过实际线。

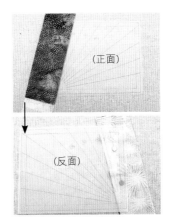
（正面）
（反面）

5 第二片布与第一片布正面相对，在纸型背面用珠针固定。

> *Point*
> 用梅花珠针，车缝时不会有高低差。

（反面）

6 车缝：用压布脚＃34，针位在中间，密度1.7～2。

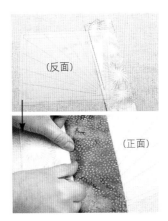
（反面）
（正面）

7 第二片与第一片接合后，将第二片打开。

【连载壁饰全视图】

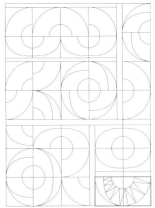

绿色框为本期示范图形。

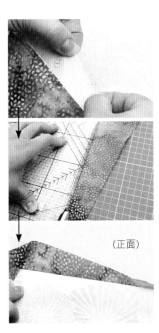
（正面）

8 翻至背面，纸型折出比实际线多0.2cm，裁0.5cm。

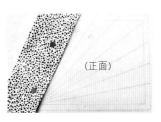
（正面）

9 第三片以后珠针别在布的正面。

10 同步骤进行拼接，即完成。

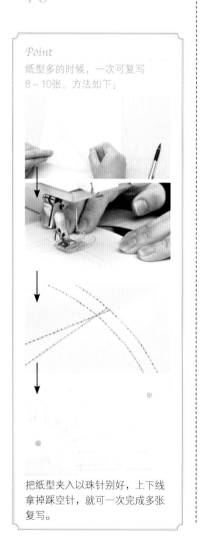

Point

纸型多的时候，一次可复写8～10张。方法如下：

把纸型夹入以珠针别好，上下线拿掉踩空针，就可一次完成多张复写。

本期示范图形

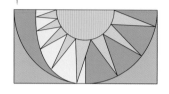

布条尺寸

外三角形7.5cm×110cm
内三角形4cm×110cm

老师使用的布条(配色参考)。

拼接做法

1 取纸型。

2 第二片布与第一片布正面相对。

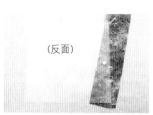

（反面）

3 在纸型背面用珠针固定。

（反面）

4 车缝：用压布脚＃34，针位在中间，密度1.7~2。

5 第二片与第一片接合后，将第二片打开。

6 将多余的布剪掉。

7 翻至背面，纸型折出比实际线多0.2cm，裁0.5cm。

Point

因前端尖点被车住，故折线时一定要平行并比实际线多0.2cm。

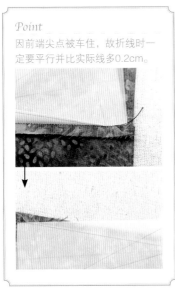

旻秀老师的私人 **小 技 巧**

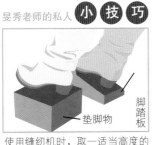

脚踏板

垫脚物

使用缝纫机时，取一适当高度的垫脚物，让身体处于平衡的状态，这样不会因姿势不对而使腰部产生疼痛！

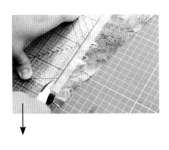

8 下方裁齐。

9 第三片以后珠针别在布的正面。

10 同步骤4方法车缝。

11 纸型折出比实际线多0.2cm后裁0.5cm，之后皆以相同方式车缝完成。

12 完成。

下 期 预 告

进阶组合图形教学

Point

裁切时省布的方法：

1 如图接合第三片C布时，因B布已裁切一半的三角形，所以C布可以用另一半的三角形来接合。

2 剪掉多余的布。

3 完成。

材料

3 种棉麻花布各 30cm
布衬 45cm
缎带 60cm
棉绳 120cm
穿带器
装饰圆珠 2 个

裁布

※ 皆含 1cm 缝份，里袋身略小于表袋身，作品完成后内里不会皱皱的。

外袋身（表布／厚布衬）：
↕ 33cm×28cm 1 片
※ 示范中表布图案方向一致，所以表布裁成了 17.5cm×28cm 的 2 片再接合而成。
※ 若要防震，衬可改为单胶棉。
※ 袋底亦可放入 PE 底板。

里袋身：↕14cm×28cm 2 片
束口布：↕30cm×28cm 1 片

焦糖香气，扑鼻而来，
一口吃进去，就化开了绵密，
加上草莓与鲜奶油的调和，
酥酥麻麻的滋味，
豢养心情的甜美。

拼布好朋友：装饰圆珠

作品设计、制作、做法提供／陈玉金老师　情境摄影／Akira　教学摄影／陈启予　文字编辑／刘芝颖　美术设计／韩欣恬
完成尺寸：高 18cm，宽 19cm，厚 8cm

缝份皆为 1cm

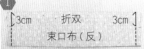

3cm | 折双 | 3cm
束口布（反）

将束口布正面相对对折，两边依图
示车缝（虚线处），留 3cm 不车缝。

2.5cm | 折双
束口布（正）

翻到正面以针距 3.0 车缝压线。

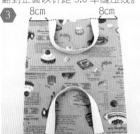

8cm | | 8cm

外袋身疏缝，车缝固定缎带（或提手）。

上下叠上束口布，中心点对齐表
布疏缝固定。

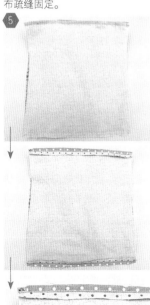

里袋身上下与表袋身正面相对车
缝袋口，并将缝份烫开。

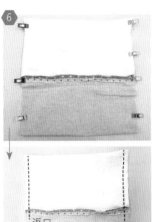

返口

表里袋各自拉开，车缝左右侧身，
里袋身一侧留返口。

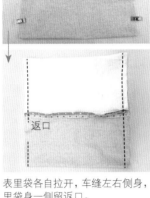

6cm

表里袋底各自车缝袋底 6cm（缝
份分开）。

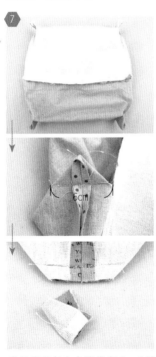

由返口翻回正面，袋口压线一圈。

表里袋底车缝固定，由返口另一
边先车，再车另一侧袋底。

缝合返口。

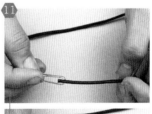

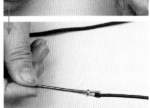

将 120cm 的棉绳对半剪，用穿带
器分别从左右两边将棉绳穿入束
口布。

棉绳头会松散，以绕线方式扎紧。

以针穿引。

棉绳端穿入装饰圆珠，打结套入。

完成。

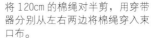

第1回
小毕历险记
精装书套

作品设计、制作、做法提供／雪小板老师
情境摄影／郭朴真、曾奕睿
教学摄影／陈启予　文字编辑／刘芝颖
美术设计／韩欣恬

××××××××××××××××××××
×××××××××××××××××××××××××

完成尺寸：长27.5cm，宽33cm
附原尺寸图

材料
各花色布料　　冷冻纸
书皮布料　　　贴布绣纸衬
铅笔　　　　　奇异衬
布用复写纸

吹起了许多梦想的泡泡，
勇敢的小毕闪着清澈的双眸，
决定亲自体验这如花绽放的世界，
飞翔梦的甜美，
实现最真实的冒险。

×××

小毕

① 将纸型描在冷冻纸上剪下，烫在布的背面，留 0.5cm 缝份后剪下。

——牙口

② 将缝份一边翻折一边烫平。
※ 凹边可剪牙口。
※ 棉花棒蘸上助烫剂涂在缝份的地方，让成品效果更挺。

纸衬

纸衬

③ 撕下冷冻纸，画上脸部轮廓，将贴布绣纸衬放在脸部正面车缝嘴形后，将嘴剪开，由嘴巴的洞口将纸衬翻至背面。

④ 取嘴巴的布料置于脸下部车缝。
※ 用贴布绣针脚及透明线车缝轮廓，线迹不明显的图形才会较可爱。

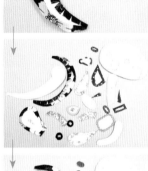

⑤ 脸上其他部位逐一撕下冷冻纸，可先以布用口红胶固定后再车缝。

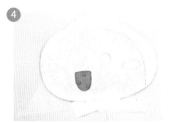

⑥ 利用布用复写纸将铅笔描纸型上的轮廓印在小毕的底布上。

⑦ 依序将身体各部位先以口红胶粘贴，再车缝于底布上，若想增加脸部立体感可置入一块衬棉。

⑧ 0.2cm

将小毕正面铺上纸衬后，留边约 0.2cm 进行车缝后沿边剪下。

⑨ 在纸衬上剪一个约 5cm 的孔后将小毕翻出来（翻出时需小心，因纸衬较薄且易破掉）。

⑩

手绣字体后用平针缝缝布条边缘。将布条与贴布绣纸衬上下两边车缝，由侧边翻出后烫平。以口红胶黏合两布条，车缝在背景布上。

83

⑪

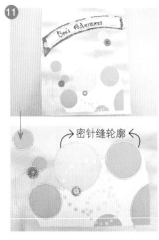

将奇异衬烫在背景图案布背面（示范为圆圈）。将圆圈上的奇异衬撕下烫在背景布上，以密针缝绣上轮廓。

⑫

小毕以口红胶粘贴固定在背景布上，再以贴布绣针脚车缝轮廓。

⑬

背景布烫上铺棉后以自由曲线车边及各个轮廓线条。

※ 可依个人喜好在背景布上压自由曲线，压在铺棉上会有不错的立体感。

书衣

⑭

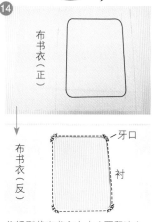

依纸型裁出书衣大小（要留边），将贴布绣纸衬置于书衣上，沿着中间框线车缝后，剪去中间框线的布与衬，在有弧度的四角剪牙口，将框外的衬往内翻到背面。

⑮

将布书衣与小毕对好位置，以珠针固定，周围车缝一圈固定线。

⑯

将四周多余的铺棉及衬剪去。

⑰

车上装饰缎带。

⑱

书衣背面烫上单胶棉或是粘上铺棉，再烫上一块薄布衬，最后压线。

⑲

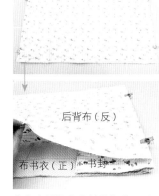

后背布正面与书衣布正面相对，以强力夹固定，车缝两侧。

⑳

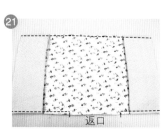

将布内折做出书封的部分，以强力夹固定。

㉑

车缝上下两边，留一返口，完成后翻回正面。

㉒

将上下两边压临边线后即完成。

拼布初学者的配色练习簿

选布及配色想必是许多拼布人终生的课题吧!

【拼布初学者的配色练习簿】

替您省略制作图形的步骤,

可直接在练习簿上着色,

通过图形与颜色的练习,

慢慢培养出眼睛对色彩的敏感,

掌握了这些基本功,

在选布与配色时就难不倒你啰!

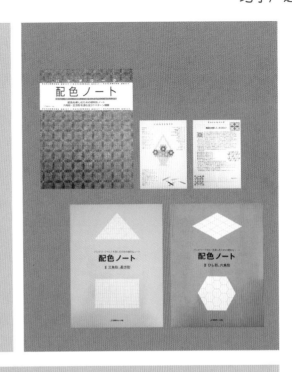

尺寸: 长17.8cm, 宽12.7cm 一组四片装

美国转印布

19世纪复古风格来袭!现在收藏正是时候!

转印布的图案取自于19世纪美国盛行的贸易卡 (trade cards),卡上为各式各样的商品广告,包括缝纫材料、缝纫工具等,生活化的题材以幽默的手法及精致的美感,呈现了美国社会当时的样貌,而其高品质的色彩印刷及复刻感的图案,让这些卡片非常有收藏的价值喔!

美国转印布是100%纯棉的材质,非常易于缝纫及运用在拼布作品上。此外,它是利用数位版画印刷 (giclee),色彩所呈现的效果比传统的四色印刷更加地明亮及持久。

转印布上的图案,不仅展示了19世纪的美国生活,还能让您的作品增添复古时光的迷人风采!

Carol Doak 拼布描图纸

由美国推广"快速拼接"的拼布大师 Carol Doak 所设计的拼布专用打底纸，又称为"安定纸"，具有轻便、稳定的特性，是拼布爱好者在制作拼接时非常便利的使用工具。

对于初学者而言，拼接时经常需要事先画出小纸型再裁剪布块，重复的动作耗时耗力，更容易产生误差，造成制作上的困难与挫败感。

安定纸与一般纸张的不同在于，纸质特殊不会滑动，不变形且具吸水性，使用时非常便利。

■ 其主要功能如下：

1. 用作拼接底纸：直接将图形画到安定纸上或是 copy 上去都可，然后依顺序逐一将裁好的布片车缝上去，待全部完成后再将安定纸撕掉，不留痕迹。

2. 运用于贴布缝：在制作可爱的图形贴缝时，常会因为针距较小或是拉力不均匀而使布料变形，这个时候在贴布底下放张安定纸，就可以解决此问题，也可用于机缝压线哦！

3. 运用于机缝：布料太薄或是花盘的针距太小而让布片不易车缝时，垫张安定纸直接车缝，保证一次顺利车完。

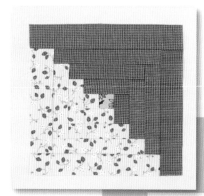

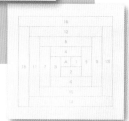

■ 特性介绍：

＊可用于多数喷墨或激光打印机。

＊不会缩水、弯曲或脆化！

＊缝制时固定作品位置。

＊可轻易撕除！

■ Carol Doak 安定纸和其他同性质产品有何不同？

＊轻量化／拼接作品时，不会产生多余的重量。

＊吸水性佳／纸张不会扩散墨水。

＊稳定性高／布和纸重叠时不会滑动。

◀ 尺寸 8 1/2 × 11 英寸

新手特别推荐
一口花零钱包

作品设计：黛西老师　情境摄影：C.CH
编辑：刘芝颖　做法绘图．美术设计：林巧佳

最想要学的作品

1
衬(里)
返口
缝份0.5cm
表布(正)
缝合返口

2
包扣

3
衬(里)
返口
缝份0.7cm
表布(反)
铺棉
外盖表布(反)
返口
外盖表布(正)

4
衬(里)
返口
缝份0.7cm
里布(反)
返口
里布(正)
里布(正)
返口
由返口放入
放入透明塑料片

5
车缝
1cm
提手(正)
35cm

6
返口
铺棉
(正)
缝合返口

7
缝合表布
拉链
表布(正)
表布(正)

8
缝合里布
拉链
里布(正)
里布(正)
完成图

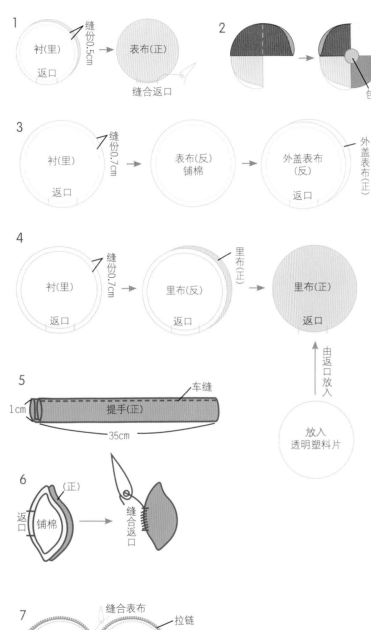

■完成尺寸 / 直径9cm，长18.5cm

袋身	尺寸	数量	备注
一口花	直径6cm	8片	4片烫布衬
外盖表布	直径9cm	4片	2片烫衬，2片烫棉
里布	直径9cm	4片	2片烫衬
提手	4cm×25cm	1片	
叶子	4.5cm×3cm	2片	2片烫棉

配件：包扣、30cm拉链1条、7cm圆形塑料片

做法

//一口花//

1.取8片直径6cm的圆形表布，两两一组，一片烫衬，一片不烫，正面相对车成圆，由返口翻回．共4份。

2.将4份圆布对折后，叠在一起，中间用包扣固定。

//零钱包//

3.取外盖表布2片，一片烫衬，另一片烫棉．正面相对，沿衬车圆留一返口，翻回缝合．需两份。

4.再取里布2片，一片烫衬，另一片不烫，沿衬车圆留一返口，翻回后放入塑料片缝合．需两份，作为里盖备用。

//提手//

5.取提手布，如图示折4层后车缝。

//叶子//

6.将叶子一片烫单胶棉，留一返口车缝，后翻回缝合．需两份。

7.将提手车缝在外盖表布上，并缝上拉链。

8.盖上里盖与拉链藏针缝，最后缝上一口花即完成。

台湾首翊股份有限公司授权河南科学技术出版社在中国大陆独家出版发行本书中文简体字版本。

Copyright ©HANDWORK INTERNATIONAL INC

Original Taiwan edition published by HANDWORK INTERNATIONAL INC

This edition is published by arrangment with HANDWORK INTERNATIONAL INC,Taiwan

版权所有，翻印必究

著作权合同登记号：图字16—2012—086

图书在版编目(CIP)数据

巧手易.54，拼布袋物语1/首翊股份有限公司著.—郑州:河南科学技术出版社，2013.8

ISBN 978-7-5349-6434-3

Ⅰ．①巧… Ⅱ．①首… Ⅲ．①布料-手工艺品-制作-图集 Ⅳ．①TS973.5-64

中国版本图书馆CIP数据核字(2013)第139186号

出版发行：河南科学技术出版社
地址：郑州市经五路66号 邮编：450002
电话：(0371)65737028 65788613
网址：www.hnstp.cn
策划编辑：刘 欣
责任编辑：杨 莉
责任校对：柯 姣
印 刷：北京盛通印刷股份有限公司
经 销：全国新华书店
幅面尺寸：214 mm×285 mm 印张：5.5 字数：250千字
版 次：2013年8月第1版 2013年8月第1次印刷
定 价：38.00元

如发现印、装质量问题，影响阅读，请与出版社联系并调换。